KB110090

지질학자와 떠나는 베트남 사금 채취 여행

베트남의 사금砂金을 찾아서

베트남의 사금을 찾아서

발행일	2021년 12월 31일		
지은이	권영인		
펴낸이	손형국		
펴낸곳	(주)북랩		
편집인	선일영	편집	정두철, 배진용, 김현아, 박준, 장하영
디자인	이현수, 한수희, 허지혜, 안유경	제작	박기성, 황동현, 구성우, 권태련
마케팅	김회란, 박진관		
출판등록	2004. 12. 1(제2012-000051호)		
주소	서울특별시 금천구 가산디지털 1로 168, 우림라이온스밸리 B동 B113~114호, C동 B101호		
홈페이지	www.book.co.kr		
전화번호	(02)2026-5777	팩스	(02)2026-5747

ISBN   979-11-6836-082-2 03530 (종이책)   979-11-6836-083-9 05530 (전자책)

(주)북랩 성공출판의 파트너

북랩 홈페이지와 패밀리 사이트에서 다양한 출판 솔루션을 만나 보세요!

홈페이지 book.co.kr   •   **블로그** blog.naver.com/essaybook   •   **출판문의** book@book.co.kr

작가 연락처 문의 ▸ ask.book.co.kr

작가 연락처는 개인정보이므로 북랩에서 알려드릴 수 없습니다.

지질학자와 떠나는 베트남 사금 채취 여행

베트남의
사금 砂金을
찾아서

권영인 지음

북랩 book Lab

이 책은 베트남에서 사금砂金 찾는 방법을 스스로 터득할 수 있도록 사금이 발견되는 곳의 특징들을 사진, 그림 등을 통해 소개해 도감처럼 이용할 수 있도록 했다. 사진에 소개한 지점에 대해서는 GPS 좌푯값을 첨부하고 본문에서도 야외조사 일지를 첨부해 찾아가기 쉽도록 했다. 이 책은 베트남에서 사금을 찾으려 하거나 베트남의 자원과 지질에 관심이 있는 사람들을 위한 소개서이지만 국내에서 사금 채취를 취미나 부업으로 하려는 사람들에게도 사금 채취에 관한 기본 지식과 정보를 알려 주는 지침서다.

필자가 사금에 처음으로 관심을 갖게 된 것은 1998년 외환위기로 금 모으기 운동을 할 때였지만 당시 모아 두었던 자료들을 다시 찾아보게 된 것은 베트남 하노이광물지질대학교Hanoi University of Mining and Geology에 오면서였다. 사금은 국내에서는 경제성이 없어 이미 사라져 버린 사업이지만 베트남에서는 불법임에도 불구하고 많은 사람들이 사금 채취에 열중하고 있었다. 하노이

베트남의 사금을 찾아서

에 도착하니 자욱한 스모그smog, 잿빛 거리를 질주하는 오토바이 소음, 오염된 물로 인해 멈추지 않는 설사, 뼛속까지 스며드는 하노이의 겨울 추위와 우울함까지 겹쳐 숙소에서 자발적인 무언 수행의 길로 나를 인도했다. 다행히 암울한 상황에서 벗어나려고 주말이면 들르던 구도심의 항박Hàng Bạc 거리(금은 세공)와 주말 보석 시장은 흥미로웠다. 현장을 찾아다니기 위해 빌렸던 오토바이는 위험하기는 했지만 베트남 산천의 놀라운 풍경을 경험하게 해주었고 상상할 수 없는 자유로움을 주었다.

후회 없는 인생을 살고 싶다면 한 번쯤 무언가에 미쳐 찾아보는 여행을 하는 것도 괜찮지 않을까? 그 무언가가 사금이라고 생각하는 누군가를 위해 이 책이 길잡이가 되었으면 하는 바람이다. 바위가 오랜 세월을 지나 강물에 패여 작은 모래 알갱이로 작아지다 보면 어느새 산 위에 있었던 바위는 강으로 내려와 모래언덕을 만든다. 이런 자연의 과정에 비하면 탄생에서 죽음에 이르는 우리 인간의 여정은 너무나도 짧다.

오늘도 흐르는 섬진강을 바라보며 지난해 홍수로 만들어진 모래언덕에 숨겨진 시간을 가늠해 본다.

2021년 가을
섬진강변에서

제1장

사금 찾아가는 길

하노이에서 처음으로 오토바이를 타던 날

노이바이 국제공항에서 하노이 시내로 들어오면서 멸치 떼처럼 움직이는 오토바이 물결을 처음 보았다. 그 많은 오토바이들이 한 덩어리로 움직이는 것이 신기하기도 했지만 엄청나게 뿜어내는 소음과 매연에 정신이 없었다. 트럭과 버스 사이로 스치듯이 곡예운전을 해야 하는 현실을 보면서 이곳에 있는 동안에는 오토바이를 타지 않겠다고 마음먹었다. 그러나 작년 가을에 도착해서부터 어렵사리 자료도 찾고 전문가들과 이야기도 해 보았지만 사금 광산을 찾기 위해서는 길도 없는 정글이나 계곡을 구석구석 찾아 다녀야 해서 오토바이를 이용하지 않고서는 불가능해 보였다.

2020년 1월 24일, 금요일, 비

오늘은 음력 설, 하루 전날이다. 숙소에서 거리를 내려다보니 길을 가득 채우던 오토바이들이 사라지고 한산하다. 설 연휴 기간에는 시내가 텅 빈다는 소문이 맞았다. 며칠 전 빌린, 무서워서 한 번도

베트남의 사금을 찾아서

못 타 본 오토바이는 숙소 지하 주차장에 세워져 있었다. 오토바이로 가서 점심 도시락과 생수병, 지도, 샘플병을 싣고서 엔진 시동을 걸었다. 부릉 하는 소리와 함께 한 방에 시동이 걸렸다. 혹시라도 외국 노인네가 주책스럽게 오토바이 탄다고 놀릴까 봐, 오토바이와 같이 따라온 헬멧을 뒤집어쓰고 백발이 안 보이게 안면 마스크를 올려 덮고 주차장을 지나려니 주차 관리 아줌마가 알아듣지도 못하는 베트남 말로 중얼거린다. 며칠 전에 준비해 둔 오토바이용 주차 카드를 보여 주니 문을 열어 준다. 10만 동짜리 주차 카드가 없으면 시간 단위로 주차비를 내야 한다고 해서 준비해 둔 것인데 한 달에 5,000원 정도이니 괜찮다는 생각이 든다. 후덥지근한 지하를 벗어나 밖으로 나오니 시원한 바람이 불어온다. 모터바이크 라이딩은 바로 이 맛이지! 탕롱Thăng Long 시내를 벗어나 구글맵에 표시해 둔 78개 사금 광산 목록 중에서 가장 가까운 곳인 하노이 지질도의 C-3 구역 Ca Mục 광산(Dong Vang 동쪽 3번 지점)으로 향하는 CT08 도로를 따라서 서쪽으로 향했다. 도로 주변에는 금귤나무, 이곳 말로는 까이꾸억(Cay Quat 혹은 Kum Quat)이라고 해서 황금색 귤이 복을 전해 준다는 행운의 나무를 파는 장사들과 이를 사려는 사람들로 길이 막혀 있었다. 설 전날 유일하게 붐비는 곳이 있음을 알게 되었다. 처음 오토바이 운전을 하는 나로서는 걷듯이 갈 수 있는 이런 상황이 오히려 고마웠다. 도로 주변은 금귤나무 이외에도 노란 꽃도 팔고 있는데 수 킬로미터를 이어지는 길 위에는 가져가다 떨어뜨려 깨진 화분이 간간이 널려 있었다.

용의 머리에서

11세기에서 19세기 초까지 리 왕조의 수도였으며 용이 승천한 곳이라고 해서 탕롱Thăng Long이라고 불린 왕궁은 남북 방향으로 1,500㎞에 이르는 좁고 길쭉한 용 모양의 머리쯤에 해당하는 베트

사진 1-1. 입구를 찾기가 어려운 하노이 황호아탐Hoàng Hoa Thám 거리의 보석 벼룩시장
보석 원석들을 구경할 수 있음.

베트남의 사금을 찾아서

남의 수도 하노이의 호숫가에 있다. 이 왕궁에서 북쪽으로 걸어서 멀지 않은 꺼우자이Cầu Giấy구의 황호아탐Hoàng Hoa Thám 거리에서는 매주 일요일 오전부터 점심 무렵까지 보석 광물 벼룩시장이 열린다. 이 시장은 길보다 아래에 위치하고 한두 사람이 간신히 드나드는 통로라서 찾기가 힘들었다.

그 안에는 넓은 광장이 있었고 좌판을 펼친 수십 명의 상인들이 빨간색 돌, 녹색 돌, 호박, 자수정, 아게이트agate, 전기석, 녹염석, 에메랄드, 루비 등 보석용 원석을 팔거나 원석을 가공해 장신구로 만든다.

사진 1-2. 베트남 북부 지역에서 산출된 하노이 보석벼룩시장의 원석들

여기서 멀지 않은 곳, 구시가지 호안끼엠Hoàn Kiếm 호수의 북쪽에 항박Hàng Bạc—우리말로는 '은 거리silver street'가 있다.

사진 1-3. 11세기 리李타이또 시대부터 왕궁에 금은 세공품을 공급하기 위해 만들어진 하노이의 구시가지 항박Hàng Bạc거리 전경

이 거리는 11세기 리李타이또가 지금의 하노이에 해당하는 탕롱을 건설했을 때, 조정에서 사용하는 금, 은, 보석으로 된 공예품을 만들도록 왕궁 앞에 상점을 형성한 곳이다. 왕궁은 여기서 서쪽으로 1㎞ 지점에 있고 항박 거리 이외에도 항마(종이), 항가이(베옷), 항꽛(부채), 항찌에우(돗자리) 등의 36개 상가 거리가 있다. 하노이를 방문하는 관광객들의 필수 쇼핑 코스인 이곳은 국내의 남대문시장과 유사하게 값싼 상품들을 쇼핑하면서 베트남 문화를 접할 수 있는 전통시장이다. 이 시장이 철거되지 않고 옛 상점들이 명맥

베트남의 사금을 찾아서

을 이을 수 있었던 이유는 무엇일까. 바로 '디엔 비엔 푸Điện Biên Phủ' 승리 이후, 9년간이나 정글에서 살다가 하노이로 이주한 소위 개화파들이 구시가지를 잘라서 현대식 건물들을 위한 길을 내려고 했으나, 시의 관료들이 예산이 없어서 지금의 상가 거리가 보존된 것이라고 한다. 천 년의 역사를 간직한 그 일부가 항박 거리이기도 하다. 이 거리는 많은 짐과 화분들로 가득찬 발코니를 가진 오래된 건물들이 다닥다닥 붙어서 길을 만들고 건물 틈 사이로 작은 골목이 미로처럼 이어진다. 항박 거리의 동쪽으로 이어진 항맘 Hàng Mắm 거리는 묘비와 관을 파는 상점들이 있다. 지금은 항박 상가와 항마 상가의 차이가 별로 없이 금, 은 장신구와 보석(루비, 사파이어 등)류 상점 모두, 두 거리에서 동일하게 볼 수 있다. 왕궁에서부터 순서대로 상점들의 종류를 나열하면 왕궁 다음에 금, 보석, 시계, 묘비·관을 취급하는 상점들의 순서로 배치되어 있다. 상점들의 순서가 시간의 흐름이라고 보면 '좋은 부모 만나서(왕궁), 재산 많이 물려받아(금), 화려하게 살다가(보석), 세월이 흘러(시계), 결국은 다들 죽는구나(관)'라는 이야기가 상상되어 나 혼자 웃었다.

항박 거리에는 금은방金銀房이 많이 보이는데 그 안에서 반지, 목걸이, 기타 장신구들을 직접 만들기도 한다. 도매상도 많이 보이고 많은 제품을 구입해 가는 소매상도 눈에 띈다. 금이나 보석 광물들로 장신구를 만드는 도구들은 가게 옆에 설치되어, 만드는 과정을 직접 구경할 수도 있지만 상점 내부를 자세히 살펴보지 않으면 보기 힘들다.

사진 1-4. 보석가게의 한쪽 구석이나 작은 골목 안에서 볼 수 있는 원석 가공작업대

　이곳은 금은방이나 보석 상점의 숫자가 많음에도 불구하고 대부분 장사가 잘되고 있었다. 이들 상점에서 필요로 하는 각종 보석 가공 재료들을 파는 대형 상점에서는 자체 브랜드의 보석 세공용 화학 약품을 커다란 포대로 팔고 있어서 거래량이 상당하다는 것을 느낄 수 있었다. 이 거리를 조금 오래 걷다 보면 속이 미식거리는데 도금, 용접, 화학 처리 등의 약품을 팔고 있는 이 상점을 보고 나니 이해가 되었다. 이 거리를 더 잘 이해하고 싶으면 거리 사이사이의 아주 작은 골목, 대개 노점상이 막고 있는 어두운 구석 안쪽으로 들어가 보면 관광객들이 다니는 큰 도로와는 다른 세상이 펼쳐진다. 이 안에서 도금, 분석, 용접, 제작, 용해 등이 이루어진

다. 매매량이 많다 보니 금의 순도나 광물을 감정해 주는 가게들도 구석구석에 있는데 한 번 이용하는 데 1만 동(약 500원)이라고 한다. 이 엄청난 양의 금과 보석은 어디서 온 것일까? 나의 호기심을 자극한다.

사금광으로 가는 미로 찾기

    사금광을 찾아가는 과정은 그리 유쾌하지 않았다. 하노이에 도착한 지 두 달이 되어 가는 저녁 무렵, 뒤엉킨 실타래에서 그 끝을 아무리 찾으려 해도 찾지 못한 절망감과 스트레스가 겹쳐서 평소 지병이던 명치 부분의 가슴이 조여 오는 통증이 시작되었다. 인터내셔널 SOS 담당 의사는 당장 하노이프랑스병원Hôpital français de Hanoï 응급실로 가라고 했다. 이런 상황에서 탐사를 지속하는 것은 어려웠다. 하지만 병원으로 갈 수는 없었다. 몇 년간 준비해서 얻은 기회인데…. 숙소에서, 통증으로 마비된 무거운 머리를 들어 창밖을 바라보니 어두운 회색빛 스모그만이 보인다. 그저께 아침 식량으로 비축해 둔 차가운 빵을 씹는다. 오늘은 사금을 찾기 위한 작은 단서라도 얻기 위해 자원 관련한 고서가 있다는 정보를 믿고 그랩Grab 택시를 불러서 서호Tây Hồ 남동쪽에 위치한 중고 책 서점에 갔다. 아주 작은 간판의 'Bookworm'이란 글씨만이 이곳에 서점이 있다는 것을 알려 주었다. 건물들 사이의 좁은 통로

를 지나니 나름 이쁘게 꾸민 서점으로 보이는 방이 있고 그 안에
는 서양인들만이 몇 사람 보였다.

사진 1-5. 사금을 찾기 위한 실마리를 찾고자 방문한 하노이 서호의 Bookworm 서점

　이곳에서도 원하는 자료는 찾을 수 없어 남쪽으로 까쩹서점Nhà
Sách Cá Chép에 갔다. 이곳은 커피숍과 미술품 갤러리를 겸하고
있어서 여유 있게 책을 구경할 수도 있고 휴식도 가능한 공간이었
다. 하지만 역시 찾고자 하는 자료는 없었다. 그래서 좀 더 남쪽에
위치한 파하사서점FAHASA Hà Nội으로 갔다. 이곳은 문학서적 및
학생들 참고서나 학용품을 주로 취급해 전문적인 자료를 얻기는
불가능해 보였다. 서점을 나서니 벌써 오후 3시가 넘어서 점심 먹
을 곳을 찾다가 집 근처로 돌아왔다. 베트남 격언에 이런 말이 있

다. "1일 여행은 한 광주리의 지식과 같다." 이미 어두워진 저녁에 늦은 점심을 먹으며 나 자신을 위로했다.

알 수 없는 목적지를 찾아갈 때 시간과 비용을 아끼는 방법은 넓고 다양한 정보를 수집해 좁고, 정확하고 결정적인 정보로 마지막 목표 지점을 찾는 것이다. 베트남 사금 광산의 경우는, 그 순서가 박물관, 서점, 정보센터, 관련 전문가 상담, 현장 방문 순서로 계획을 준비했다. 무엇인가를 찾아가는 과정은 흥분되고 재미있다. 그 과정이 위험하고 어려울수록 만족도는 더 높아지기 마련인데 베트남에서의 사금은 이런 조건을 모두 갖추고 있었다. 일반적으로 대규모로 합법적인 절차에 의해 운영되는 금광과는 달리 사금 광산은 대부분 불법이고 소규모로 운영이 되며 그 위치 또한 확실하지 않으니 그 여정에는 어려움, 위험, 착오 등이 정글 속에 숨어서 언제 튀어나올지 모르는 괴물처럼 느껴졌다.

모르는 지역에서 현지인도 언급하기를 꺼리는 사금을 찾고자 작은 단서라도 얻으려 그 지역의 관련 박물관을 방문했다. 베트남의 사금과 관련된 박물관은 어디에 있는가? 물론 사금 박물관은 베트남 어디에도 없다. 다만 관련된 작은 증거나 흔적을 찾을 수 있는 박물관은 있다. 주로 자연사 박물관이나 지역 대표 박물관에는 그 지역의 돌이나 광물에 대한 표본들이 전시되어 있다. 하노이에는 지질 박물관에 가장 많은 정보가 있으며 다낭에는 다낭박물관Bào Tàng Đà Nẵng, 달랏Đà Lạt에는 람동박물관Lâm Đồng Museum 등이 있다. 이미 알려진 사금광에 대해서는 정부나 지방청에서 지질,

과거의 생산 실적, 사금광의 위치, 도로 및 가장 가까운 물품 공급지 등에 관한 지도 및 보고서 등이 있다. 충분한 시간이 있으면 광산에 관련된 잡지들이나 정부출연연구소 및 지방의 도서관에서 관련 자료를 수집할 수 있다. 인터넷으로 베트남의 광산 지질 자료를 검색할 경우에는 '베트남 지질정보센터(http://www.idm.gov.vn)'에서 가능하지만 제목과 저자, 연도에 대한 정보만 열람 가능하고 초록조차도 제공되지 않는다. 원문 내용을 보려면 직접 방문해서 복사를 요청해야 한다. 필자는 인터넷에 표시된 주소를 택시 기사와 함께 서너 번 찾아갔지만 이 센터를 찾을 수가 없었다. 대학의 지질학과 조교에게 문의해 보니 가 본 경험이 있다고 해서 동행해 가 보았다. 조교도 한참을 찾다가 센터 사무실로 전화를 수차례 한 후에 찾을 수 있었다. 센터 사무실 건물이 공사 중이라서 임시로 옆 건물에 이사 와 있었다고 하니 찾기 어려웠으리라! 준비해 간 논문 목록을 주니 창고에 가서 찾아왔다. PDF 파일로 만들었으니 메모리 카드를 달라고 하기에 주고 나서 기다리니 다 되었다며 돌려준다. 나오려는데 조교가 수고비를 조금 줘야 한다고 해서 20만 동을 전달했다. 논문을 구할 수 있어서 뿌듯한 마음으로 숙소로 돌아왔다. 며칠 동안 찾다가 어렵게 얻은 논문이니 궁금해서 빨리 보고 싶어졌다. 메모리 카드를 열어 보니 아무것도 없었다. 얼마 후 조교에게서 메모리 카드에 넣어 주기로 했던 파일이 이메일로 도착했으나 거기에도 일부 논문만 있었다.

드디어 도착한 사금 채취 현장

수개월이 지나도 사금 광산에서 작업하는 사람을 한 명도 보지 못하니 사금 채취 현장이 궁금해졌다. 베트남의 가장 남쪽에 위치한 사금 광산을 보려고 달랏Đà Lạt에 도착한 날, 새벽에 잠이 깨어 뒤척이다 일어나 야외조사 때 가져갈 가방을 챙기고 호텔 식당으로 내려갔다. 식사는 뷔페식으로 빵과 죽, 야채 등이 준비되어 있었다. 이른 아침이기도 했지만 코로나바이러스 때문에 손님은 나 하나였고 서빙하는 직원들은 여럿이라서 모두들 나만 바라보고 있었다. 식사를 하면서 점심때 먹을 것도 주머니에 넣었다. 아마도 서빙하는 애들도 보고 있겠지? 하지만 손님이 나 하나뿐이니 뭐라 하는 사람도 없다. 직접 요청해야 하는 계란프라이도 자리에 앉아 있으면 알아서 준비해 준다. 건빵바지와 조끼에 주머니가 많아 버터, 계란프라이, 베이컨을 넣은 바게뜨와 옥수수 한 조각, 바나나 하나를 챙겼다. 6시 30분 식사 후, 방에서 가방을 챙겨 로비로 나오니 오토바이와 헬멧이 준비되어 있다고 한다. 하노이에서 빌리고

베트남의 사금을 찾아서

벌써 두 번째다. 엔진 소리가 조용한 것이 새것 같아 마음에 들었다. 호텔을 출발하자마자 버스 터미널 옆 주유소로 가니 오토바이용 휘발유는 없고 버스용 경유만 주유한다고 한다. 연료가 조금은 있어서 가까운 람동박물관으로 향했다.

사진 1-6. 사금 관련 자료를 찾으려 방문한 달랏의 Lam Dong 박물관 정원
우리나라의 징처럼 생긴 달랏의 원주민 악기가 인상적이다.

표 파는 직원이 문을 열어 주어 첫 방문객으로 혼자서 구경했다. 이 박물관은 자연사와 고고학, 근세사까지 포함하는 내용을 담고 있었는데 내가 찾고자 하는 내용물이 조금 포함되어 있어서 만족했다. 입구에 들어서면 나무와 돌, 광물들이 전시되어 있는데 이 돌들은 달랏에서 산출되는 것이며 광물들도 마찬가지다. 모래 주석(Sn)의 경우에는 사금도 동반되어 산출되는데 이 지역에서 산출되는 각종 광물들과 같이 전시되어 있었다. 이곳에서의 광물 생산량은 상당한 규모였을 거란 짐작을 할 수가 있었다. 이곳에서는 고고학 유적들이 많이 발굴되었는데 특이하게도 금 장신구가 많았고 발굴된 금 장신구들은 박물관에서 판매하는 책에 기재되어 있었으며 그 수가 유난히 많은 것이 인상적이었다. 하지만 전시된 것은 극소량에 불과했다. 하노이의 지질 박물관에서도 책자에 소개된 사금 시료가 보이지 않았는데 이곳에서도 많은 금 발굴품들이 안 보이는 것은 왜일까? 박물관에서 이 지역에 대한 대략적인 정보를 알고 나서 가장 남쪽에 위치한 사금 광산으로 향했다. 달랏이란 도시를 오토바이로 골목골목 지나다녀 보니 유럽풍의 정원과 건물들이 꽃으로 장식되어 아름다운 도시란 느낌이 들었다. 달랏에서 유난히 눈에 자주 띄는 것은 소나무, 온실, 꽃, 정원 카페, 폭포 등이었다. 온실에서는 대부분 꽃을 재배하고 있었다. 이곳에서 지금은 눈에 보이지 않지만 금이 많이 생산되었었다는 점도 기억할 만하다. 달랏 시내에서 남쪽으로 서너 시간가량 내려가니 금광 입구에서 주로 보이는 습곡구조, 편마암 혹은 변성암, 석영 암맥, 노두 등이 차례로 눈앞에 펼쳐진다. 오토바이를 길가에 세우고 잠시 휴식을 취하려고 하는데 강가의 은폐된 곳에서 무언가를 채취하고 있는 현지인을 볼 수 있었다. 아주 먼 거리라서 정확히는 알 수 없었지만 강가에 세워진 경사진 널빤지 위로 손수레를 이용해서 무언가를 퍼 담기를 반복하며 널빤지를 살피는 모습이 사금 채취용 홈통을 이용한 선광 작업과 흡사해 보였다.

사진 1-7. 베트남의 시골에서 선광기를 이용해 사금 채취 중인 모습

사진 1-8. 사진 1-7을 망원으로 촬영한 사진
　선광기 옆의 손수레와 삽으로 퇴적물을 붓고 물을 뿌려 사금과 모래와 자갈을 분리하는
　모습.

가까이 다가가면 도망갈지도 몰라서 멀리서 망원렌즈로 살펴보니 그렇게 오매불망 찾아다니던 사금 채취 작업이었다. 넘 멀어서 선명하지는 않지만 처음으로 보는 사금 채취 현장 사진을 담을 수 있어서 감격스러웠다.

이곳은 원래 찾아가려던 사금 광산이 있는 곳에서 수 킬로미터 떨어진 강가였다. 사금 채취가 불법인 상황에서 사진을 찍을 수 있었다는 것이 큰 행운이었다. 원래의 목적지에 도착하니 사금 광산의 흔적을 여러 곳에서 찾을 수 있었다. 사금을 채취하는 선광기, 광산촌 가옥들, 하천에 설치되어 있었던 기둥 들이 남아 한때 전성기 시절의 화려했던 광산촌을 그려 볼 수 있었다.

사진 1-9. 사금 광산이 있던 자리에 위치한 대형 선광기
큰 자갈들은 굴러 떨어지도록 경사를 심하게 기울인 경사판이 특징적이다.

베트남의 사금을 찾아서

처음으로 만난 사금 채취 베트남인

댐은 주로 강의 방향에 직각으로 지층이 발달한 곳에 건설한다. 직각 방향의 지층이 댐의 구조물을 꽉 붙잡아 줄 수 있기 때문이다. 꽝남성Quảng Nam 프억선Phước Sơn의 닥미Đắk Mi 수력발전소도 이런 변성암 지층을 기반암으로 해서 건설되었다.

사진 1-10. 닥미Đắk mi **수력발전소 댐 아래 수로 옆의 바위**
하천의 방향에 경사지게 발달한 지층이 댐의 누수를 억제하고 구조물을 잡아 주는 역할을 한다.

길쭉길쭉한 변성암 바위들이 물살의 흐름에 수직으로 놓이면 사금이 이 턱들을 넘기 힘들어 잘 모이게 된다. 댐 옆의 변성암 바위를 구경하려고 강가로 내려가니 저 멀리서 잘 보이지는 않지만 수풀 속으로 숨는 사람들을 보았다. 잠시 후 숲에서 나온 십 대 소녀들의 경계심을 풀기 위해 한국인이라고 밝히며 박항서 감독과 K-POP을 아냐고 물어보니, 연신 웃으면서 강 쪽을 향해 소리를 쳤다. 그러자 수풀 속에 숨어 있던 아줌마들이 나와 다시 자신들의 작업에 열중했다.

사진 1-11. 댐 아래의 강바닥에서 사금 채취를 하는 모습
강물이 차면 수로 옆의 경사진 흙벽까지 덮게 된다.

나이가 많은 아줌마 두 명은 반복해서 커다란 나무 접시를 원을 그리며 흔들면서 흙탕물을 버렸고, 가장 젊은 아줌마는 삽으로 이들의 나무 접시에 강바닥의 자갈과 모래를 계속해서 퍼 담아 주었다.

사진 1-12. 댐 아래에서의 패닝작업
패닝 접시가 재질이 나무라서 물 위에 올려놓을 수도 있으며 가벼워 사용하기 편리하다.

    5분에서 10분 정도면 여러 번 퍼 담은 자갈과 모래를 모두 버리고 나무 접시 바닥에 가라앉은 검은 모래들을 밥사발에 담았다. 이 마지막 과정은 아주 섬세하고 진지해서 숨을 죽이고 지켜보게 된다. 커다란 나무 접시의 바닥에 놓인 검은 모래는 전문용어로는 무거운 모래라는 뜻의 중사重沙라고 하는데 우산만 한 나무 접시에서 사기 밥그릇에 담으려면 나무 접시를 경사지게 들어 올리면서 약간의 물을 흘려 주어야 한다. 이때 밥사발 속으로 떨어지는 검은색 중사 아래로 황금색의 사금 가루들이 나타난다.

사진 1-13. 패닝 접시 바닥의 사금(사진 정중앙 노란색)
접시를 기울여 검은색 중사를 가장자리로 흘러내리면 접시 가장 깊은 부분에서 사금
조각들이 보인다.

한 번 패닝으로 정말 많은 양의 사금이 모습을 드러내었다. 이들
은 베트남 도착 이래 수개월간 찾아 헤매다 처음으로 대면한 최초
의 사금 채취자들이었다. 이 댐의 바로 아래에서는 일가족 다섯 명
이 사금을 채취하고 있었다. 마치 섬진강에서 재첩을 잡는 아낙들
처럼 도시락을 싸 가지고 와서 즐기듯이 작업을 하고 있었다. 도구
라고는 커다란 나무 접시 두 개, 삽 하나, 철근 꼬챙이, 밥그릇이 전
부였다. 하지만 이 들의 사금 채취 속도는 엄청나게 빨랐다. 밥그릇
에 모여 있는 사금의 양은 이들의 본업인 농사보다 더 많은 수익을
낼 것임이 분명하다. 패닝panning 접시는 어디서 구입했냐고 물어
보니 프억선 도시의 '다이방đãi vàng'에서 구입했다고 한다. '다이방'

베트남의 사금을 찾아서

은 체질sieving로 금을 분리하는 것을 의미한다. 멀리서 망원렌즈로 사금 채취 작업자를 촬영한 적은 있었지만 채취한 사금도 보여 주고 장비 구입한 상점도 알려 준 사람은 이들이 처음이었다. 그만큼 사금 채취는 비밀리에 작업을 하고 있었다. 베트남 정부가 불법으로 규정하기도 했지만 금을 채취한다는 것이 소문이 나면 금을 약탈해 가려는 사람들이 있기 때문이다. 외지에서 사금을 연구하고 있는 내 상황도 안전하지 않은 것은 확실하다. 지질 전문가인 나도 내놓고 사금 광산에 가 보고 싶다는 말을 하기가 두려웠다.

조금 더 하류로 가니 사금을 채취하는 부부가 있었고 이보다 더 하류 쪽에서는 대규모로 양수기, 선광 홈통을 가져다 놓고 강변 감토층에 큰 구멍을 내서 작업하고 있었다.

사진 1-14. 사금 채취로 남은 강변의 작은 동굴들
동굴 옆에는 홍수 때 같이 떠내려온 나무 그루터기가 보인다.

얼핏 보면 동굴처럼 보이기도 하지만 그 안에 들어가 작업하는 것을 보니 이 동굴들의 위치가 과거 퇴적 당시의 강바닥이어서 감토층에 해당된다는 것을 쉽게 알 수 있었다. 강 건너 길 위에서 사진을 찍는 나를 가리키며 소리를 질러 댄다. 아마 사진 찍지 말라는 것 같다. 그리곤 후다닥 장비들을 감추기 시작한다. 그동안 수도 없이 돌아다녔지만 사금 채취자들을 만나지 못한 것을 이해하는 순간이기도 했다.

사진 1-15. 양수기를 이용해 조금 큰 규모로 사금 채취를 하는 현장
옆에 패닝 접시와 감토층에 박혀 있는 나무 그루터기가 보인다.

베트남의 사금을 찾아서

베트남 사람들의 금 사랑

베트남에서 금이 채굴되기 시작한 것은 기원전 1세기부터 라고 기록되어 있다. '밍' 왕조 시기에는 중국에서 이주한 광부들에 의해, 1884년 프랑스가 베트남을 점령한 이후로는 프랑스가, 제2차 세계 대전 동안에는 일본이, 1954년 독립 이후로는 동구유럽과 중국의 도움으로, 1975년 통일 후에는 베트남 지질학자들과 호주 기업들에 의해, 표현은 다르지만 여기 언급된 나라들은 모두 베트남에서 금을 가져갔다.

무엇인가를 좋아하거나 사랑하게 되면 자주 보게 되고 많이 가지려는 것이 본능이다. 시내를 걷다 보면 금색 불상, 장신구 등으로 가게 앞을 도배한 금방을 쉽게 찾아볼 수 있다. 베트남 사람들의 금에 대한 애정은 아이스크림에도 금박을 입혀서 먹을 정도로 남다르다. 이런 관점에서 보면 베트남은 우리보다 경제 수준이 낮음에도 불구하고 금 보유량은 우리보다 3~5배 정도 많으니 우리보다 금을 더 좋아하는 것은 틀림없다. 베트남 중앙은행에 따르면 개인들이 갖고 있는 금의 양은 300~500톤에 이른다고 한다(한국 금 보유량은 약 100여 톤). 2015년 기준으로 골드바에 대한 베트남의 수요는 세계 6위였다. 당시 한국의 원유 수입량이 세계 6위쯤인 것으로 기억된다. 더욱이 사회주의 국가에서의 통계 수치는 믿을 수 없는 경우가 많으니 실제로 주민들이 보유하고 있는 금의 양은 더 많을 것이다. 일례로 베트남의 금 생산은 1993년에 10톤으로 피크를 보였고, 그 후 2017년 사이에는 평균 1.5톤이지만 2017년에는 생산이 전무한 것으로 보고되었다. 연간 평균 1.5톤의 금을 생산하던 나라에서 생산량이 0이 될 수 있을까? 이 수치가 정부 통계로 기록되는 이유는 대규모로 금광을 운영하는 회사들이 대부분 외국 기업들이라는 데서 기인되었다. 국부國富인 금을 외국인들이 가져가는 것에 대한 불만의 여론이 생기자 금광에 대한 세금을 갑작스럽게 올렸고 세금 폭탄을 견디지 못한 외국계 금광은 문을 닫아버렸다. 불법적으로 채굴된 금은 유통 과정을 알 수 없으니 그 규모를 파악하는 것이 불가능하다. 그 결과 통계상으로 금 생산량은 전무하다. 하지만 정글이나 계곡에서 불법적으로 운영하는 금광들로부터 채굴된 금덩어리를 시내의 금방으로 가져오다가 단속되는 뉴스가 간간히 보이니 금 생산이 이루어지고 있는 것이 분명하나 그 양을 추정하기는 어렵다. 궁극적으로 통계치로 보여지는 금 생산량의 급격한 감소는 정부와 중앙은행의 강력한 개입과 조정에 의해 이루어졌다.

어쨌든 베트남 사람들의 금에 대한 애정은 우리나라의 부동산에 대한 애착과 유사한 경향을 보인다. 베트남에서의 부동산은 개인의 소유가 아니라 언제든지 국가의 소유로 바뀔 수 있으니 재산 축적의 도구로 금처럼 변하지 않는 가치를 보유코자 하는 것은 당연한 이치이기도 하다.

사금 탐사와 베트남어

  지도와 이전의 탐사 자료는 사금을 찾아다니기 위한 가장 기본적인 자료들인데 베트남에서 이런 자료들은 대부분 베트남어로 되어 있다. 베트남 문자는 사금을 찾으러 가기 위한 필수 요소 중의 하나임에 틀림없다. 야외조사를 시작한 지 얼마 지나지 않아 노트북과 스마트폰에 모두 베트남어 폰트를 설치했다. 이것 없이는 사금 광산을 찾아갈 방법이 없다. 그래서 이 책에서는 지명도 지층명도 모두, 영어 알파벳 여기저기 점들이 찍히는 베트남 원어로 표시한다.

  사금을 찾으러 다니려면 현지인에게 베트남어로 된 지명을 보여주거나 읽을 수 있어야 한다. 우리말로 된 지명은 현지 주민들이 알아듣는 경우는 드물다. 그래서 베트남어로 문자를 읽거나 쓸 수 있으면 도움이 된다. 찾으려는 목적지는 좌푯값(위도, 경도)에 의해 가장 쉽고 정확하게 표현되지만 그동안 베트남에서 사금 광산을 찾아다녔던 경험에 의하면 좌표 위치에 정확하게 광산이 위치한 경우는 거의 없었다. 그래서 좌표 숫자가 없거나 입력이 잘못된 곳을 찾아갈 때는 그곳의 언어를 알아야 정확하게 찾아갈 수 있다. 그런데 예를 들면 베트남어로 멜론은 'dưa', 코코넛은 'dừa', 파인애플은 'dứa'이고 발음의 장단과 높고 낮음에 의해 구분되나, 발음을 우리말로 쓰면 모두 '즈어'로 표현된다. 지명에서도 베트남 알파벳에 여러 모양의 점들이 있고 이것 없이 지도 검색을 하면 엉뚱한 장소를 알려 준다. 그래서 이 책에서도 지명은 가능한 원어로 표기했다. 야외에서 광산이나 노두를 찾아갈 때, 기준이 되는 지형지물 중에서 가장 뚜렷하고 분명한 것은 강이다. 서울의 한강처럼 수도인 하노이를 흐르는 강은 송홍Sông Hồng이라고 하는데 '송'은 강을 뜻한다. 즉 붉은 강, '홍강'이다. 명사인 '강'을 수식하는 형용사 '홍'이 뒤에 있는 것은 프랑스어의 영향으로 보이는데, 하노이란 지명도 도시가 홍강의 안쪽에 있다 해서 하(강, 河) 노이Nội(안쪽, 內)라고도 하고 '많은 호수'란 뜻의 하hồ(호수) 노이nhiều(많은)가 하노이Hà Nội로 바뀐 것이라고도 한다. 지질학 전문용어에서도 가끔 프랑스식 발음을 하는 베트남 학자들을 만나게 된다.

베트남에서 '금金'을 뜻하는 단어는 '방Vàng'이다. 베트남 사람들은 사금으로 만든 금 세공품을 '모래광산Sa khoáng 금'이라고 구분해서 부른다. 시골의 작은 도시에서 많이 보이는 'Vàng 9999'란 간판은 금을 팔고 사는 상점이다.

베트남의 산과 바위와 돌

베트남의 중부와 남부 지역의 산과 계곡은 트라이아스기에 땅덩어리가 밀어 올려져 만들어졌고 그 이후의 인도시니안 시기에 중국과 인접한 북부의 산악 지대가 형성되었다. 뚜레Tú Lệ나 달랏Đà Lạt 지역의 오목하게 패인 저지대는 중생대에 땅덩어리가 아래로 움직이면서 만들어졌고 땅이 밑으로 가라앉는 작용이 계속되면서 현재의 분지 형태의 하노이를 포함한 많은 호수와 하천, 그리고 석유가 발견되고 있는 대륙붕의 분지들도 신생대에 만들어졌다. 베트남의 동쪽에 있는 바다는 해저면의 바닥이 갈라지면서 형성된 것인데 이때 갈라진 틈을 따라서 분출한 용암이 응우옌Nguyễn 현무암이다.

베트남에서 땅에 대한 조사가 처음으로 이루어진 것은 프랑스가 인도차이나를 점령했을 때, 광물자원을 수탈하기 위해서였다. 1910년부터 1920년(Mansuy, 1912; Deprat, 1916; Bouret, 1922, etc.) 사이였고 북부 베트남에 대한 1:400,000 지질도가 완성된 것은 1927

년이었다. 1952년이 되어서야 인도차이나에 대한 1:2,000,000 지질도가 출판되었다(Fromaget & Saurin, 1952)(그림 1-1). 그 후 소련, 중국 등의 지원을 받아 북부 베트남에 대한 탐사가 진행되었고 새로운 1:500,000 지질도가 제작되었다. 이전의 1:400,000 지질도가 프랑스 과학자들에 의한 연구 결과물이라면 새 지질도는 동구권의 지원을 받은 베트남 학자들에 의해 완성된 것이다. 이러한 점은 우리와 매우 유사하다. 일제강점기에 조선의 지질조사는 일본인 학자들에 의해 이루어졌고 이 조사를 바탕으로 많은 광물자원이 수탈되었다. 6·25 사변 이후로 미국, 영국 등 서구권의 지원을 받아 정밀 지질도를 완성한 점도 베트남과 다르지 않다.

그림 1-1. 베트남 지질도(1:2,000,000)
사금이 만들어진 조건과 분포를 유추할 수 있는 기초 자료.

베트남의 사금을 찾아서

베트남에서 가장 오래된 시생대 암석[1]은 하노이에서 북서 방향에 있는 짜이강Sông Chảy과 홍강Sông Hồng, 두 강 사이의 노출된 바위, 결정질 편마암이다. 캄브리아기 이전의 돌들은 꼰뚬 지괴에서 부터 중부북부 베트남의 홍강에 걸쳐 분포한다. 고생대의 돌들은 베트남에 넓게 분포하는데 그중에서도 북부 베트남 지역을 넓게 덮고 있으며 특히 페름기와 석탄기의 석회암층이 특징적이다. 그 후에 퇴적된 초기중기 트라이아스기의 돌은 편암, 사암 등으로 구성된 육성퇴적물과 화산성퇴적물로 구성되었다. 트라이아스기 후기에 일어난 인도시니안 조산운동 이후, 북부 베트남에 대규모의 석탄이 쌓였고 그 후, 쥬라기와 백악기의 커다란 웅덩이에는 육성퇴적물과 화산암이 쌓였다. 제3기와 제4기에도 메콩이나 홍강 하류 등 저지대에 퇴적층이 형성되었다. 플라이스토세에는 제주도에서 보이는 검은색 화산암 돌들이 남부 베트남의 고원을 형성하게 된다.

이들 돌 중에는 세계적으로도 많은 양이 묻혀 있는 것으로 알려진 인회석, 희토류 등이 있고 금이나 사금 광산도 많이 알려져 있다. 하지만 아직까지도 개발되지 않은 광산이 많은 실정이다.

---

[1] 암석: 하나 이상의 광물이나 유기물이 자연의 작용으로 덩어리진, 흙이 아닌 물질을 넓은 의미의 암석이라고 한다. 따라서 얼음이나 석탄도 암석이지만 일반적으로 단단한 돌을 지칭하는 좁은 의미가 사용된다. 좁은 의미의 암석은 광물이 모여서 형성된 화성암, 변성암 및 퇴적암을 지칭한다.

베트남의 사금은 어디에 있나?

    돌이나 모래 속에 묻혀 있는 금은 크게 열수금과 사금 두 종류로 구분된다. 사금은 베트남의 북부에서 남부까지 여러 지역에 분포하며 약 150여 지역에서 발견되었다. 사금이 발견되고 있는 박장 Bắc Giang 성의 사암은 고생대의 트라이아스기 지층이다. 그중에서도 광물이 많이 산출되는 광산은 열수광산인데 라오까이성의 Sinh Quyen 광산에는 55.1만 톤의 구리, 33.4만 톤의 희토류, 35 톤의 금이 묻혀 있다. 열수 기원의 금은 타이 응우옌Thái Nguyên 과 탄호아Thanh Hoá 성에서는 석영금 타입으로, 푸토Phú Thọ 성에서는 석영금전기석 타입으로, 기타 지역에서는 석영금황 타입으로, 베트남 중부 지역에서는 금은 타입으로, 뚜옌꽝Tuyên Quang 과 꽝빈Quảng Bình 성에서는 금안티몬 타입으로, Sinh Quyen 금광에서는 복합광물 형태로 납아연, 황철석, 황동 등의 다금속 형태로 발견된다. 이러한 천연 금의 가채 매장량은 수백 톤에 달할 것으로 예상된다.

베트남에서 사금 광산은 150여 개가 발견되었으며 그중에서 17 개 지역에 대한 정밀조사가 시행되어 매장량이 계산되었다. 사금 관련 논문들에 의하면 박깐Bắc Kạn 성省 나리Na Rì 지역과 응에안 Nghệ An 성省 껌무언Căm Muộn 지역은 5~6톤의 금이 매장된 것 으로 보이나 그 외에는 사금이 쌓인 계곡이 좁고 퇴적층의 두께가 얇아서 사금의 양은 많지 않은 것으로 평가되었다. 이들 사금 광 산은 원래 금이 형성된 곳에서 침식, 운반, 퇴적 과정을 거쳐서 이 동되어 형성되나 금이 본래 무겁기 때문에 원광primary ore으로 부터 멀리 이동을 하지 못해 가까운 곳에서 발견되는 것이 일반적 이다. 베트남에서 수백 개의 원금광primary gold ore이 보고된 것 에 비추어 보면 향후 발견될 사금 광산은 더 많아질 것이다. 따라 서 사금 광산을 찾기 위해서는 원광의 위치를 알아야 한다. 베트 남의 금광 위치를 개략적으로 살펴보면 베트남의 북동부 지역인 박보Bắc Bộ의 동쪽과 서쪽, 베트남의 중부 지역인 미엔쭝Miền Trung의 중앙과 남쪽 지역에 금광이 분포하며 이들은 뚜레Tú Lệ 의 화산구조 가장자리, 푸삼깝Pu Sam Cáp 화산지대, 송히엔Sông Hiến 구조, 깜투이Cam Thủy 배사구조, 형산Hoành Sơn 지구, 흐엉 호아Hương Hóa 단층대, 꼰뚬Kon tum 지층, 달랏Đà Lạt 지역 등의 다양한 지질구조 안에서 발견되었다.

표 1-1. 베트남의 대표적인 사금 및 금 광산 목록

지역	Province (도/성省)	District (군/구區)	Ward/Commune (리里)	상세주소
Northwest	호아빈 Hòa Bình	Kim Boi	My Hoa	Boi river, Dong Hoa
			Nam Sơn – Đà Bắc	
	라이차우 Lai Châu	Muong Te		Da River(upstream)
	라오까이 Lào Cai	Van Ban	Minh Luong	Ban 3, Minh Ha, Sa Phin, Tsuha
		Văn Bàn		Minh Lương 광산
Northeast	박깐 Bắc Kạn	Na Rì* Bach Thong	Lung Luong, Lung Quang, Lung Push, Xa Hang, Lung Mon, Coc Ti	Kim Hy Nature Reserve
		khau âu		
	하장Hà Giang	Thượng Cầu		
	랑손 Lạng Sơn	빙쟈구		Nà Pái 광산
		Đình Lập	Pắc Làng, Khe Nang	
	타이응우옌 Thái Nguyên	Vo Nhai	Ban Na, Khac Kiem, Than Sa	
		Đồng Hỷ	ngàn me, bồ cũ	
	뚜옌꽝 Tuyên Quang	Khuon Phuc Chiêm Hóa	Ngọc Hội, Phú Bình	Làng Vải 광산
North Central	응에안Nghệ An	Căm Muộn*		
		Tuong Duong	Yen Na, Yen Tinh	top of Pu Phen
		Ta Soi		
	꽝빈 Quảng Bình	Lệ Thủy		Xa Khia deposit
	꽝트리 Quảng Trị	Đa Krông	A Bung	A Pay A 광산 (Đa Krông 강의 우측)
	탄호아 Thanh Hóa	Lang neo		
	투안티엔후에 ThừaThiênHuế		Pho Can, Khe Đay, Ban Gon	
South Central Coast	빈딘Bình Định	Tien Thuan		
	빈투언 Bình Thuận	Tanh Linh	Duc Thuan	
	푸옌Phú Yên	Song Hinh		
	꽝남 Quảng Nam	Dong Giang		
		Phuoc Son		
			tam chinh–Phú Sơn, Tien Ha, Hiep Phuoc, Phuoc Thanh, Phuoc Son	
Central Highlands	닥락Đắc Lắc	Ea Kar	Cu Yang	Krong Pak stream
	꼰뚬Kon Tum		Kon ChRo, la Mo-la Tai	
	램동Lâm Đồng	Hieu Liem		

※ 노란색 바탕은 사금 광산

베트남 금은 어떻게 만들어졌나?

금이 만들어지는 과정을 광화작용mineralization이라고 하며 베트남에서 금이 만들어진 과정은 크게 네 가지 종류로 구분된다.

1. 금석영 광

이 타입의 금광은 박깐Bắc Kạn 성省의 허우어우khau âu, 타이응우옌thái nguyên 성의 난메ngàn me와 보꼬bồ cũ, 하장Hà Giang 성의 뜽까우Thượng Cầu, 탄호아Thanh Hoá 성의 랑네오Lang neo, 꽝남Quảng Nam 성의 땀찐tam chinh푸손Phú Sơn에서 발견되었다. 이중에서 타이응우옌thái nguyên 성, 동히Đồng Hỷ 구區의 난메ngàn me 광산은 육성 탄산염 퇴적물로 형성된 배사구조 안에서 금석영 광이 산출되었다. 이들의 지질시대는 중부 캠브리안기의 Mo Dong에서 상부 캠브리아기의 Than Sa층에 해당한다. 금광은 Mo Dong층의 셰일, 사질 실트암, 운모질 사암에서 발견되었고 4매의 광체ore body는 1,500m의 길이와 200~500m의 폭으로 발달했다. 0.1~0.7m의 두께와 100~320m 길이의 광체는 금함량이 1.6~42.9g/ton이며 매장량은 1,500kg이다.

2. 금석영황화물 광

이 타입의 금광은 산성염기성 분출암, 변성암, 관입암 등 다양한 지층에서 풍부하게 발견된다.

① **산성 분출암의 금석영황화물 광**: 이 타입의 금광은 Nà Pái(Bình Gia, Lạng Sơn), Pắc Làng(Đình Lập, Lạng Sơn), Khe Nang 지역에 있다(사진: 지질 박물관의 금시료). Nà Pái 광산은 1985년 랑손성省의 빙쟈구區에서 발견되었다. 이곳에서 광화작용은 하부 트라이아스기 송히엔Sông Hiến 층에 분포하는 유문암과 유문석영안산암에서 이루어졌다. 광체는 구조적인 cataclastic 지대, 주변암의 균열을 채우는 석영황화물 암맥에서 형성되었다. 금의 함량은 0.1~0.3g/ton으로 낮으나 간혹 0.5~2g/ton에 이른다. 이외에도 arsenopyrite, pyrite, chalcopyrite, sphalerite, tetraedrite, pyrrhotine 등의 광물이 산출된다. 금은 매우 세립질의 입자로 흩어져 있어서 육안으로 식별하기 어렵다. 추정 매장량은 약 20톤이다.

② **염기성 분출암의 금석영황화물 광**: 이런 종류의 광산은 Doi Bu, Minh Luong, Sa Phin 등이다. Minh Lương 광산은 라오까

이성 Văn Bàn 구에 위치하며 이 지역은 염기성/중성 분출암이 넓게 분포한다. 다섯 개의 금광맥이 발견되었으며 이들은 균열대를 채우는 암맥상으로 1.6~2.44m의 폭으로 300~1,400m 길이로 발달했다. 금의 함량은 4.61~7.5g/ton으로 높다. 추정 매장량은 순도에 따라 3.2톤에서 9.5톤에 이른다.

③ **변성암의 금석영황화물 광**: 많은 금광들이 이 타입처럼 원생대캠브리아기의 변성암에서 발견되었고 Bong Mieu, Tra Duong, Duc Bo, Suoi Giay, A Pay A, A Vao 등이 이런 종류의 광산이다.

A Pay A 광산은 쾅트리성 Đa Krông 구 A Bung 리 Đa Krông 강의 우측에 위치한다. 광산은 네 개의 광구에 광체가 존재하며 15구역이 가장 유망하다. 이중에서 TQ 17, 18, 19등 3개의 광체가 중요한 의미를 가지며 이에 대한 평가가 수행되었다. 광산의 광체들은 석영흑운모 편암이나 녹색편암 내에 균열을 채우는 석영황화물 암맥에 발달했다. 광체의 길이는 330~340m이며 두께는 1~10m로 큰 변화를 보인다. 광체의 주요 구성광물들은 황철석이고 소량의 방연석, 황동석, 금을 포함되며 평균 금 함량은 4~8g/ton이다. 매장량은 7톤으로 추정된다.

④ **관입암의 금석영황화물 광**: 이 타입의 광화작용은 산성에서 염기성에 이르는 다양한 성분 범위에서 발달했다. 이들 지역은
  •Thừa Thiên Huế 성(Pho Can, Khe Đay, Ban Gon)

- Quảng Nam 성(Tien Ha, Hiep Phuoc, Phuoc Thanh, Phuoc Son)
- Bình Định 성(Tien Thuan)
- Phú Yên 성(Song Hinh)
- Kon Tum 성(Kon ChRo, la Mola Tai)
- Lâm Đồng 성(Hieu Liem)

⑤ **금은 광**: 이런 종류의 광체는 유망한 광산으로 다수 발견이 되었으며 그중 Quảng Bình 성 Lệ Thủy 구의 Xa Khia deposit이 가장 유망하다.

⑥ **금안티몬 광**: 금을 포함한 안티몬광은
- 뚜옌꽝Tuyên Quang성(Khuon Phuc, Làng Vài)
- Hòa Bình성(Nam Sơn – Đà Bắc)
- Nghệ An성(Ta Soi)

Làng Vài 광산은 뚜옌꽝성 Chiêm Hóa 구 Ngọc Hội 리, Phú Bình 리에 위치한다. 이러한 광화작용은 다섯 개 광체에 걸쳐서 500~1,400m 길이, 100~600m 폭으로 발달했다. 암맥 형태의 3두 개 금안티몬 광체가 확인되었고 이들의 길이는 80~560m 폭은 0.3~7m로 확인되었다. 이들 광체는 황비철석, 황철석, 안티몬, 섬아연광, 금으로 구성되어 있다. 금의 함량은 1~18.95g/ton이나 16개의 광체에서는 금의 함량이 4g/ton보다 적다. 금의 매장량은 품위에 따라서 9.12-10.7톤 범위로 추정된다.

야외에서 사금을 쉽게 찾는 방법

사금을 찾기 위해서는 어디로 가야 하는가? 실제로 사금이 있는 곳은 금광맥이 오랜 시간 동안 침식되고 강물에 의해 운반되어지다가 모인 곳이므로 운반된 시간과 강물의 유속에 의해 특정 지역에 모여 있다. 베트남의 달랏 남쪽으로 사금 광산이 없는 것은 주변에 금광맥이 없기 때문이다. 따라서 사금을 발견하기 위해서는 과학적인 지식이 필요하다. 예를 들어 석회암 지역은 금 입자를 공급해 주는 금맥이 없으므로 탐사에서 제외해야 하는 지역이다. 국내에서는 사금광이 서해안으로 발달한 하천을 따라 발달했다. 따라서 사금을 찾으려고 석회암이 우세한 동해안으로 가는 것은 무모한 도전이다. 반면에 과거에 사금을 채취한 지역은 적어도 사금을 공급해 주는 기원지가 있었음을 지시하므로 지질학적인 자료를 이용해 사금광 지역을 예측할 수 있다. 따라서 사금 채취 장소를 처음 선택할 때, 이전에 발견되었던 장소 주변을 선택하는 것이 좋다.

사금이 있는 곳은 금이 형성되어 침식, 운반, 퇴적 과정을 거치면서 사광상을 형성하는 자연의 법칙을 이해함으로써 예측이 가능하다. 따라서 처음에는 강의 하류로부터 상류로 혹은 해안을 따라서 시료를 채취해 시료 내에 포함된 금의 양을 조사하는 탐사 작업부터 시작해야 한다. 그 후, 가장 많은 양의 금을 포함하는 지역으로 되돌아와서 실제 채취 작업이 진행된다. 때문에 초기 탐사에는 단지 시료를 넣는 병과 패닝 접시만을 지참하고 가능한 넓은 지역을 돌아다녀 보는 것이 효과적이다.

　탐사 작업을 계속하다 보면 자연스럽게 사금광이 형성되기 좋은 조건을 알게 된다. 이러한 지점은 다음과 같이 요약된다.

- 폭이 좁고 유속이 빠른 하천이 급격히 폭이 넓어지며 유속이 낮아지는 부분
- 하천의 경사가 급격히 감소하는 곳
- 장애물(바위, 나무, 사주, 댐, 폭포)의 하류 방향
- 사행하천의 바깥부분(유속에 따라 안쪽부분)

　이들 지점은 주변에 사금의 공급원이 되는 금광맥이 있다는 전제 조건을 충족한 경우에 해당한다.

　이외에 사금이 발견될 수 있는 유망한 지점으로는 고하천古河川이 있다. 지금은 하천이 흐르지 않지만 과거에 하천이 흘렀던 자리를 고하천이라고 한다. 이러한 곳에는 모래와 자갈이 많이 쌓여 있다. 하지만 세월이 흐르면서 흙으로 덮여 있어 어디가 과거에 흘렀

베트남의 사금을 찾아서

던 하천인지 알 수 없다. 따라서 골재나 사금 채취를 하고자 하는 사람들은 오래된 지형도를 찾아서 지금의 지형도와 강/하천의 위치를 비교해 고하천의 위치를 찾는다.

베트남의 경우에 유망 지역은 아래와 같이 요약된다. 물론 이 조건은 다른 나라에서도 적용되는 조건이지만 베트남의 사금 광산을 탐사하면서 확인된 사례들이기 때문에 특히 중요한 요소다.

- 녹색 변성암 주변
- 점판암에 석영 암맥이 발달한 곳
- 점판암과 사문암의 접촉 부분
- 황철석이 많이 산출되는 곳
- 석영 암맥이 발달한 곳
- 엽리가 발달한 변성암

보물지도 제작 노하우

    사금 광산에 모여진 금의 양은 원광으로부터의 거리가 가깝고 집적되어진 시간이 길수록 많아진다. 즉, '사금량 = 1/거리 × 시간' 이므로 여기서 두 가지 변수인 거리distance와 시간time을 알면 사금이 많이 모인 유망 지역을 찾을 수 있다. 이 중에서 변수 D(거리)는 강이나 계곡의 경사 각도나 강바닥의 거칠기 등에 의해 영향을 받으므로 강이나 계곡을 따라서 상류에서 하류로 시료를 채취해 최적의 장소를 찾아야 한다. 이러한 장소는 주로 금광맥이 있는 산사면에서 계곡으로 이어지는 곳이다. 이곳에서 산사면에 대한 지속적인 침식이 이루어지면 조립질의 금 입자를 협곡이나 골짜기의 머리 부분에서 발견할 수 있을 것이다. 하지만 유수의 속도가 빠르고 경사가 급하면 기반암 위의 모든 퇴적물을 일시에 운반함으로서 더 먼 곳에서 사금 입자를 발견할 수 있을 것이다. 경험치에 의하면 금이 집적될 수 있는 최적의 경사각은 5.7/1,000m다. 따라서 금광보다 낮은 위치의 하성 퇴적층에서 이러한 조건의 위치를 찾으면 사금광의 위치를 추정할 수 있을 것이다. 최적 경사각 (5.7/1,000m)을 구하는 방법은 지형도나 디지털화된 수치지형도 (1:5,000 축척)를 구해 평면상의 최단 거리를 재고 이 값으로 가장 높은 곳과 낮은 곳의 고도 차이값을 나누어 주면 된다.

금광맥으로부터 금 조각이 하천 내로 유입될 수 있는 조건은 유수의 속도가 매우 빠른 홍수기다. 홍수의 속도가 약화됨에 따라 금은 이동을 중지하고 하천 내에 퇴적된다. 하천을 따라 흐르는 물과 퇴적 입자들의 흐름을 살펴보면 홍수가 시작되는 시기에는 하천 바닥에 쌓인 퇴적물들이 침식해 부유시킨 상태에서 물과 퇴적물이 섞여 운반된다. 홍수의 절정기에는 모든 퇴적물을 운반하면서 하천 바닥을 침식한다. 침식된 퇴적물들은 하류로 이동하다가 유수의 속도가 약해짐에 따라 무거운 입자들부터 퇴적된다. 따라서 하천의 바닥면이 자연적으로 갈라져 있을 때 이들 틈은 밭고랑처럼 형태를 이루어 이 사이에는 금이 모이기 쉽다. 이들 고랑(틈)의 방향은 하천의 흐름에 평행할 수도 있고, 직각 방향으로 발달할 수도 있다. 이들이 형성되는 원인 중의 하나는 암질의 차이에 의한 차별침식의 결과다. 이러한 경우에 틈의 발달 방향은 층리면에 평행하므로 사금광이 형성되어 있을 시, 개발해야 하는 방향을 예측할 수 있다. 단층은 하천의 바닥이나 주변을 관찰함으로써 이들의 발달 상태를 확인할 수 있다. 이들은 금이 쌓이도록 하는 자연적인 홈으로서의 역할을 할 수 있다. 또한 금광맥이 하천 안에 있을 경우에는 이들의 하류 방향에 사금광이 형성된다. 너무나도 당연한 보물지도 제작의 원리이지만 실제로 지도에 이 지점을 표시하는 것은 사실 그렇게 쉽지만은 않다.

하천에 형성되는 모래톱(사주沙柱)의 아래에서 기반암과 사주가 만나는 접촉면에는 주로 무거운 광물들이 많이 퇴적되기 때문에 보물지도에 표시할 만한 유망한 지점이지만 다리를 놓거나 댐을 만들기 위해 혹은 골재 채취를 위해 인위적으로 하상의 퇴적물을 옮겨놓아 사주가 형성된 경우에는 좋은 사금광이 형성될 수 없다.

하천의 폭이 상류에 비해 급격히 넓어지는 지역이 사금광이 형성되기에 이상적이다. 이러한 지형은 하천이 넓어지면서 유속이 감소함에 따라 유수의 운반력이 낮아져 금을 퇴적시키기 때문이다.

하류 하천면보다 높은 경사도를 보이는 지류支流는 유속이 하류보다 빠르므로 본류와 합류되는 지점의 입구에서 경사가 낮아지고 유속이 감소함에 따라 운반력이 감소해 사금이 퇴적됨으로서 사금광을 형성한다. 합류된 지점으로부터 얼마나 멀리 사금광이 형성될지는 지류와 본류사이의 유속의 차이에 따라 결정된다.

소용돌이류(역류逆流)가 하천에 발생하면 소용돌이류의 중심부로 무거운 광물들이 모이며 이러한 성질에 의해 작은 규모의 사금광이 형성된다. 소용돌이 치는 물의 흐름은 강물이 장애물을 만났을 때 혹은 깊은 웅덩이가 있을 때 이들의 하류 부분에서 형성된다. 움푹 패인 곳이나 웅덩이가 어느 정도 깊으면 하천의 유수에 의해 운반되던 사금 입자들이 유수의 속도가 감소하면서 급류의 바닥에 놓여져 계속적으로 불안정한 상태로 제자리에서 움직이다가 유속이 증가하면 급류의 하류 쪽 웅덩이에 퇴적된다. 이러한 사금광은 홍수에 의해 운반되어져 버리므로 매년 형성되었다 사라지는 과정을 반복한다.

위의 내용들은 기반암(감토층)의 바로 위에 발달한 사금광들인 반면에 퇴적층 중간 부분에 형성되는 사금광도 있다. 이러한 종류의 사금광들은 홍수에 의해 형성된 것으로 주로 1미터에서 3미터 사이의 깊이에 형성된다. 베트남 꽝남성 짜강Sông Trà 변을 따라 동굴처럼 파 놓은 사금 채취 현장(사진 1-14)이 이에 해당한다. 이러한 사금 광산의 위치는 그 이후의 홍수에 의해 보다 하류로 이동해 갈 것이다.

기반암(감토층)의 바로 위에 놓이지는 않았으나 퇴적물 내에 놓인 바위나 통나무들은 사금광이 형성되기에 좋은 조건을 갖고 있다. 일반적으로 이러한 장애물들의 하류 부분으로 사금 입자들이 퇴적된다. 바위나 장애물들의 아래에 놓인 퇴적 입자들을 파내는 경우에 작업의 범위를 넓게 설정해 회수되지 않는 사금 입자가 없도록 해야 한다.

퇴적물 내에서 인간이 만든 철제 도구인 볼트나 너트 혹은 못 등이 발견되면 이들이 발견된 깊이(퇴적층준)보다 위에 놓인 모든 퇴적층을 걷어 내고 작업하는 것이 효율적이다. 그 이유는 금이 철보다 훨씬 무겁기 때문이며 대부분의 금 입자들은 철제 도구들이 놓인 부분보다 아래에 쌓이게 되어 있기 때문이다.

강물 흐르는 방향으로 자갈들이 기왓장 혹은 비늘 구조를 이루며 같은 방향으로 누워 있는 경우 전문용어로는 임브리케이션 imbrication이라 하며 이러한 구조에 의해 과거에 고하천古河川이 흘렀던 유수의 방향을 알 수 있다. 이러한 퇴적구조가 선광기의 홈과 같은 역할을 함으로서 사금광을 형성시킨다. 이 구조는 주로 기반암 바로 위에 발달하나 퇴적층의 중간 부분에서도 간혹 관찰된다. 임브리케이션은 아니지만 바위나 큰 자갈이 연속적으로 발달한 곳에서도 가장 상류 쪽의 바위틈이나 자갈 틈에서 사금이 발견된다.

하천의 모양과 형태는 사람들의 얼굴이 각기 다르듯이 하나도 같은 형태를 갖고 있는 것이 없다. 이러한 형태나 모양에 따라서 사금광이 형성되는 양상도 모두 제각기 다르다. 하천은 굴곡을 갖고 있거나 아니면 곧게 뻗은 모양으로 발달하며 하천의 형태를 수치로 표현하려고 한 것이 굴곡률이다(그림 1-2). 굴곡의 정도는 '하천의 굴곡률 = 하천의 길이/직선거리'에 의해 계산된다. 굴곡률은 사행률이라고도 하는데 사행천이라고 하면 뱀처럼 굴곡이 심한 형태의 하천을 표현한다.

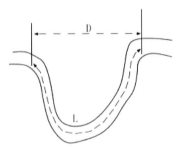

그림 1-2. 하천의 굴곡률(사행률) = 하천의 길이/직선거리(L/D)

　　　　　　　　　　　　　　　　베트남의 사금을 찾아서

이러한 굴곡률이 높을수록 유수의 이동 거리가 증가해 하천수의 유동에너지가 감소하는 효과를 가져온다. 따라서 하천 바닥면의 경사각을 감소시키고 퇴적률을 증가시킨다. 하천의 굴곡을 야기하는 원인은 하천의 바닥에 자갈들이 퇴적되면서 유속이 증가해 하천의 벽면을 침식하는 경우, 사주와 같은 형태의 장애물이 있어 하천의 방향을 바꾼 경우, 하천 바닥면의 경사도가 낮은 경우 등이 하천의 굴곡 형성에 영향을 미친다. 일반적으로 중사광상이나 사금 광산은 굴곡율이 1.5 미만인 곳에서 형성된다. 굴곡률이 이보다 높을 때에는 검은 모래나 사금 입자들이 이미 상류지역에 퇴적되어 버리고 가벼운 퇴적물만 운반되기 때문이다. 자연적으로 형성된 하천 중에서 곧게 뻗은 것은 드물고 대부분의 하천은 시간이 흐름에 따라 사행천으로 발달한다. 곧게 뻗은 하천은 주로 단층선을 따라서 형성된다.

하천에서 사금의 양은 사주의 상류 쪽 끝부분에 주로 집적이 되고 이러한 특성은 유수의 에너지와 관련이 있다. 하천의 바닥면에 물결자국(연흔)이 있는 경우에 이들은 선광기(사금을 고르는 기계)의 홈과 같은 역할을 함으로써 검은 모래나 사금 입자가 중력의 작용에 의해 보다 효과적으로 집적되게 하는 역할을 한다. 하천의 바닥에 깔리는 자갈은 하천의 유수가 잘 빠지는 곳에서 넓게 발달한다. 이러한 환경에서는 유수의 속도가 빨라 자갈들 사이로 퇴적되는 입자들은 주로 검은 모래와 사금 입자들이다. 실험적인 연구에 의하면 여러 개의 얇은 퇴적층으로 만들어진 퇴적물 덩어리가 하나의 퇴적층에 의해 만들어진 퇴적물 덩어리보다 많은 양의 검은 모래와 사금 입자들이 집적되어 있다고 보고되었다. 실례로 남아 프리카의 충적선상지 반켓 퇴적지중 중앙에 여러 매의 얇은 퇴적층이 겹으로 발달한 선상지에서 사금이 많이 발견되었다.

　사금찾기용 보물지도를 제작하기 위해서는 지형도, 지질도, 하천정보(유속, 수심 등), 원 금광의 위치 자료 등을 기초로 해 추정하고 야외에서 조사용 시료를 채취해서 완성한다. 강변에서 자연의 경치를 감상하며 보물지도를 따라가는 사금 채취는 그 자체로 소중한 보물이 될 것이다.

베트남의 사금을 찾아서

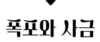

폭포와 사금

베트남에서 방문한 폭포는 암질에 따라서 뚜렷한 형태적인 특징을 보여 준다. 탄냔Thanh Nhàn 폭포는 변성암이라서 뾰족한 모서리들이 많은 바위들을 보여 준다.

사진 1-16. 뾰족한 모서리들이 많이 있는 변성암 바위
하천을 가로질러 발달해서 사금이 쌓이기 좋은 조건을 만든다.

반면 캄리Cam Ly 폭포는 화강암이라서 경사면이 완만하게 침식되어 이 주위를 폭포수가 부드럽게 바위를 휘감아 돌아간다. 프렌 Prenn 폭포는 화산 용암이 흘러내리면서 만들어진 수직 현무암 절벽이라서 제주도의 해안가 폭포들처럼 거의 수직으로 물이 떨어진다. 이러한 형태적인 차이는 사금의 집적에 영향을 주는 변수가 된다.

폭포 아래에서는 소용돌이 때문에 바닥에 구혈甌穴이라고 하는 단지 모양의 구멍이 만들어진다. 주로 기반암이 연약지반인 경우에 잘 만들어지며 이들 구멍의 깊이가 낮은 경우 사금 입자들이 가라앉지 않고 흘러내리나 깊어지면 무거운 사금 입자들이 쌓이고 이들을 모래가 덮어서 사금광이 형성된다.

폭포가 오랜 세월이 흐르면서 침식이 되면 여울로 변한다. 이러한 지역에서 하천의 폭이 넓어지거나 하류 쪽으로 유속이 낮아지면 금이 퇴적되기에 좋은 조건이다.

폭포와 유사한 조건을 갖고 있는 인공구조물은 댐dam이다. 댐의 아래에는 댐의 건설로 인해 유량이 줄어들고 수심이 낮아져 감토층을 쉽게 파낼 수 있기 때문에 사금을 찾기 쉬우면서 가장 유망한 장소다. 따라서 급류, 폭포, 댐 등과 같은 급격한 경사도의 변화와 유속의 차이는 사금이 집적되기에 좋은 조건임을 알 수 있다.

사진 1-17. 댐에서 아래로 바라본 전경
강바닥이 드러나 감토층 확인이 쉬워서 사금 채취하기에 양호하다. 댐 건설 이전의 강물
에 의해 침식된 강변지형이 예전의 강 수위를 짐작케 한다.

사금을 아시나요?

금덩어리가 부서져 작은 모래알 크기가 된 것을 사금砂金, 우리 말로는 '모래 금', 영어로는 'placer gold', 베트남어로는 '방사광 vàng sa khoáng'이라고 한다. 인간은 작은 금가루를 모아서 커다란 덩어리로 만들려 하고 자연은 금덩어리를 잘게 부수어 모래처럼 흩어 놓으려 한다. 모래는 대부분 반투명하거나 회백색의 석영SiO2 이 대부분이고 이들은 강이나 바다의 모래사장을 이룬다. 이 모래 를 자세히 살펴보면 의외로 여러 가지 색을 띠고 있는 입자들을 볼 수 있다. 빨간색, 녹색, 핑크색, 검은색, 황색 등. 투명하거나 회 백색이 아닌 유색 입자들은 석영보다는 무겁고 작아서 모래 속에 숨어 있다. 우리가 보석이라고 하는 루비, 사파이어, 석류석 등의 광물은 쉽사리 모습을 보여 주지 않는다. 그래서 보석寶石이라고 한다. 보석은 그 크기가 작아지면서 가치가 기하급수적으로 줄어 든다! 하지만 아무리 크기가 작아져도 그 가치가 그 무게만큼 같 은 것은 작은 가루들을 녹여서 커다란 덩어리로 만들 수 있는 금

베트남의 사금을 찾아서

gold이다. 모래 알갱이 크기의 사금砂金은 중사重砂라고 하는 무겁고 검은 모래 속에 섞여 보이지도 않지만 그 가치가 사라지지 않는다. 아주 적은 양이면서 눈에 보이지는 않아도 꼭 필요한 것! 하지만 사금이 검은 모래 속에 파묻혀 있듯이 세상의 어둠이 금을 덮고 있기도 하다.

　시인 변인섭은 그의 1988년도 시, 김제평야에서 사금 채취를 이렇게 묘사했다.

김제평야

변인섭

언제나 바람 타는 평야에서

사금이 쏟아지더니

제기랄것

내 논바닥에서는 구리빛 구경조차 할 수 없으니

나는 억울해서라도 도회지 날품팔이로

훌쩍 떠날 것이다

야반도주는 조선조의 유행병이었지만

나는 언제나 동해물이 마르도록 조선 사람이므로

나의 죄가 아닌 빚진 자의 고뇌일 뿐이다

오늘 밤이 좋을까

아니 오늘 밤은 달이 너무 밝아서 안 되겠고

달 없는 음산한 구름 낀 날이 좋으리라

그러나 일단은 내가 지은 쌀보리밥을

볼 안 가득 퍼먹어야지

이 밤이 마지막 밤이라도

당시 김제평야에서는 농한기에 논밭 밑을 파서 고하천의 사금을 찾던 시절이 있었다. 도박과도 같은 사금 개발은 '야반도주夜半逃走'란 단어와 잘 어울린다. 광물을 찾는 자원 탐사는 과학에 기반한 사업이지만 의심을 받는 경우가 허다했다. 국내의 서해 2-2 광구에서는 지구지질정보란 개인회사가 석유탐사 사업을 산업자원부에 신청해 시추를 한 적이 있었다. 시추 위치는 아주 단단한 규암이 분포한 지역이라서 석유가 있을 수 없는 지질 환경이었다. 이들이 내세운 논리는 러시아 과학자들이 제시한 중자력 데이터였다. 그 자료에 의하면 석유가 있다는 주장이었다. 하지만 산업자원부의 고위 관리까지 이들의 주장을 옹호하니 담당 과장은 전문가들에게 정확한 판단을 요청했다. 시추선에 올라 보니 석유가 나올 수 없는 변성암층을 뚫고 있는 중이었다. 석유를 찾고자 하는 목적만 있다면 당장 시추를 중단하는 것이 맞지만 이들은 차돌같이 단단한 변성 규암을 뚫느라 시추용 날을 추가로 공수해 수백억 원의 비용을 지불하면서도 중단하지 않고 있었다. 그러는 사이에 관련 회사의 주식은 급등해 이미 시추 비용보다 더 큰 이익을 보고 있

베트남의 사금을 찾아서

었다. 그리고 석유를 발견했다는 기자회견을 준비하고 있었다. 어떻게 변성 규암에서 석유가 나올 수 있을까? 시추 지점으로 유조선이 출발했다는 첩보가 접수되었고 산업자원부에서는 보도 금지를 요청하고 발견했다는 석유의 진위 여부를 확인해 달라는 연락이 왔다. 석유공사는 산업자원부의 고위 관료가 연관되어 있었기 때문에 이러한 요청에 난색을 표했으며 지구지질정보 회사에서도 석유공사는 경쟁사이기 때문에 믿을 수 없으니 빠지라고 주장했다. 이 회사에서는 산업자원부와의 공동 확인을 요청했다. 확인 방법은 형광발광법으로 석유 존재 유무를 확인하자는 것이었다. 이 방법을 사용하면 서해 2-2 광구에서 석유가 발견된 것으로 결과가 나온다. 왜냐면 시추공에서 채취한 원유의 존재 유무만 확인할 수 있는 방법이기 때문이다. 이미 유조선이 시추 지역에 다녀온 첩보가 들어왔다. 그래서 해외에서 가져온 원유인지 확인이 가능한 가스크로마토그라피 분석법을 제안했고 해외에서 들어온 석유임을 확인해 주었다. 석유를 발견했다고 폭등했던 주식은 폭락했고 관련되었던 다단계회사의 회장은 구속되었다. 석유는 일명 '검은 황금'이라고도 부른다. 황금색과 검은색은 잘 어울리는 한 쌍의 조합임에 틀림없다. 돈과 부패한 권력처럼. 사금은 이 두 가지 색을 모두 보여 주면서 발견된다. 비중이 높은 검은 모래와 그 밑에 납작 가라앉은 금가루로….

제2장

용의 머리에서 꼬리까지

베트남 북부 지역 사금을 찾아서

생소한 이국땅 베트남에서 사금 광산을 찾아가는 것은 쉽지 않았다. 사금 광산은 원 금 광산과는 달리 광산이라고 알려진 지점에 건물도 없고 장비나 흔적이 남아 있지 않기 때문이다. 그래서 일단은 사금이 발견된 지점을 알아내어 좌푯값으로 변환해 구글 맵에 위도, 경도의 순서로 입력했다. 그 위치가 스마트폰 화면에 표시되고 이 지점을 '찾아가기' 하면 내비게이션이 작동해서 종이 지도를 보면서 찾아가는 것보다 최근 도로 상황까지 알 수 있어 GPS 장비보다 편리하게 이용할 수 있었다. 관련 자료들을 분석해 방문할 만한 가치가 있는 사금 광산의 좌푯값을 입력해 보니 79 지점이 되었다. 이 지점들은 북부, 중부, 남부 세 지역으로 구분되었다(그림 2-1). 이들 지질도 각각의 이름은 사각형 격자안의 베트남 지명이다. 이외의 지역에서는 사금이 거의 발견되지 않았다.

그림 2-1. 베트남의 북부, 중부, 남부 사금 광산(79 지점)

야외조사 일지

2020년 1월 24일, 금요일, 비.

하노이 지질도의 C-3 구역으로 향하는 CT08 도로를 따라서 서쪽으로 향했다. Ca Mực 광산이 있었던 장소에 도착하니 광산의 흔적은 전혀 보이지 않고 멀리 잡석 더미만 보인다. 이 광산은 주변에 비해 낮은 지형과 하천이 발달했고 이 지점에서부터 평야 지대가 펼쳐지면서 무거운 사금 입자들이 더 이상 하류로 이동하기 어려운 환경이 만들어져 광산이 형성된 것으로 추측된다. 하노이 주변은 이미 사금 광산이 사라진 지 오래되었다. 정부에서 불법으로 규정해 단속이나 감시가 어려운 밀림이나 산악 지대에서나 가행되는 실정이다. 아침부터 오던 이슬비가 그치지 않아 나무 밑에서 비를 피하고 있노라니 작은 오토바이에 가족 네 명이 타고 선물까지 들고서 비닐을 덮어쓰고 경적을 울리면서 간다. 음력 설 하루 전이라서 길가의 상점은 대부분 문이 닫혀 있지만 간혹 열어 놓은 가게 앞에는 금색과 적색이 화려하게 수놓은 선물 세트가 게으른 귀성객을 기다리고 있다. 비가 그칠 기색이 없어서 가게 처마가 넓은 장소로 이동해 준비해 간 점심을 비가 맞지 않게 펼치면서 처량한 내 처지를 돌아보았다. 빌린 오토바이는 진흙투성이였고 지도와 점심을 넣어 둔 가방은 비에 젖어 늘어져 있었다. 모두들 설날이라고 가족과 즐거운 시간을 보내는데 처음으로 가 보는 낯선 이국땅의 외진 시골의 남의 집 처마 밑에서의 내 모습이 처량하게 느껴졌다. 점심을 다 먹었어도 빗줄기가 보인다. 무작정 기다리기만 할 수 없어서 비를 맞으며 이곳에서 남쪽으로 수 킬로 떨어진 Nói Móc(르엉썬Luong Son 남동쪽 11번 지점)광산으로 출발했다. 비를 맞으며 오토바이를 몰아서 도착해 보니 목적지는 큰 공장 담을 따라 생긴 작은 골목 안의 끝이었다. 골목 끝은 수풀로 덮여 있어서 그 뒤로는 무엇이 있는지 알 수도 없었다. 그곳에 있던 커다란 개가 한 마리는 목줄에 걸려 짖어 대고 또 다른 한 마리는 개울 건너에서 미친 듯이 달려오고 있었다. 베트남 골목에는 외국인을 반기는 개들이 이렇게 많은지! 숙제를 못 한 것 같아서 마음에 걸렸지만 큰 개 두 마리를 상대할 자신도 없고 비 오는 날 외진 골목 안에서 무슨 일을 당할지 몰라 아쉽지만 포기하고 큰 개가 개울을 넘어오기 전에 얼른 대로변으로 나왔다. 조금 더 가다 보니 하천을 건널 수 있는 다리를 만나서 공사 중인 다리 위에 올라가 사금 광산이 있었을 만한 곳을 먼 곳에서 사진에 담아 보았다. 힘들고 어렵게 찾아왔지만 아무 소득도 없었다는 것을 나 자신에게 부정하고 싶은 행동이었을까? 실제로 사금 광산의 흔적을 발견하지는 못했지만 하루 종일 비 맞으며 달리던 하노이 외곽 국도변에서의 힘들고 외로웠던 설 전날의 느낌은 훗날 내 기억에서 반짝이리라! 반짝이는 것이 모두 금은 아니겠지만.

1월 25일, 토요일, 비.

오늘은 음력으로 새해 첫날이다. 간밤의 요란했던 비는 그치고 흐린 날씨지만 시원하게 출발할 수 있었다. 거리에는 설이라 그런지 가게 문들은 모두 닫혀 있다. 한적한 길을 홀로 가노라니 주변의 경치가 무척 아름답게 느껴진다. 이런 기분도 잠시 흐린 하늘에서 가랑비가 오기 시작했다. 하노이에서 한겨울 비 오는 날 오토바이를 타 보지 않은 사람은 이 기분을 모르리라! 계속 가다 보니 빗줄기가 점점 굵어진다. 문 닫은 상점 처마 밑으로 비를 피했다. 보온병에 준비해 간 G7 커피를 마셔도, 담배를 피고 나서도 줄기차게 오는 비는 그칠 줄을 몰랐다. 이런 와중에도 비닐을 걸치거나 오토바이용 우비를 입은 사람들이 비를 맞으며 설을 지내러 가고 있었다. 기다리기 지루해 이른 점심을 먹다 보면 비가 그치겠지 생각하고 도시락을 찾으니 보이지 않는다. 벌써 치매가 온 것인가! 도시락을 숙소에 두고 왔다. 비가 조금 가늘어진 것 같아 다시 헬멧을 고쳐 쓰고 안경도 닦고 출발했다. 겨울 파카를 입고 왔는데도 덜덜 떨린다. 목적지까지는 아직 멀었는데 빗줄기는 더 세차게 몰아친다. 다시 방향을 돌려 인근 상점 앞에 주차하고 처마 밑으로 비를 피하고 있노라니 내가 불쌍하단 생각이 든다.

베트남의 사금을 찾아서

사진 2-1. 하노이 외곽 국도변 상가의 처마에서 비를 피하고 있음. 빌린 오토바이라서 헬멧이 작다.

목적지로 가는 도중 길가에서 커다란 노두를 만났다. 흑색 편암인 큰 바위 사이로 석영 암맥이 발달했는데 나이가 꽤 들어 보였다. 지질도와 비교해 보니 원생대 지층에 해당이 되니 사람으로 치면 장수한 노인네에 해당한다. 이 지층의 이름은 Nói Con Voi이며 흑운모 편마암, 흑연, 대리석, 규선석 편암, 규암으로 이루어져 있다.

사진 2-2. 이 노두에서는 원생대 변성암 사이에 백색의 석영암맥이 발달한 것을 볼 수 있다. 이들 석영암맥에서 금이 발견된다. 주변 암석은 흑운모 편마암, 흑연, 대리석, 규선석 편암, 규암으로 이루어진 원생대의 Sông Hồng 그룹에 속하는 Nói Con Voi 지층이다(위치 좌푯값: 20.980588N, 105.472818E).

이 바위에 오르니 아래로 프랑스식 집과 전원주택이 그림처럼 눈에 들어왔다. 다행히 이 바위를 조사하는 동안에는 비가 오지 않았다. 다시 길을 재촉하니 쏟아지는 비를 감당할 수 없어 다시 동네 목공소 옆의 처마로 피했다. 목적지인 하노이 도폭 C-2 구역 내의 Xãm Mïn 광산(그림의 Yen Quang 북쪽 2번 지점)에 도착하니 바로 옆에 커다란 바위가 있었고 습곡된 지층들 사이의 석영 맥에서 금 조각들이 바로 옆에 인접한 곡류 하천으로 유입된 것을 확인할 수 있었다. 힘들었던 여정에 대한 보상을 받았다고 생각하고 하노이 숙소로 돌아오는 길에 다시 비가 세차게 내리기 시작했다.

사진 2-3. 지층이 측면에서 힘을 받아 휘어진 퇴적기원 변성암의 습곡구조
(위치 좌푯값: 20.991671N, 105.410178E)

사진 2-4. 습곡구조 안의 퇴적기원 변성암 내의 석영 암맥, 사금의 근원지로 추정됨.

1월 26일, 일요일, 흐림.

음력 1월 2일인 오늘은 거리가 어제보다 더 한산하다. 하노이 주변의 사금 광산에 대한 궁금증은 해소되어 오늘은 쉬려고 했으나 오토바이로 돌아다니며 조사할 수 있는 한적한 교통 상황이 다시는 오지 않을 것 같아서 인터넷으로 다음 조사 예정 지역인 호아빙 남쪽의 제일 크고 좋은 3성급 Khoa Thanh 호텔을 예약하고 무작정 하노이 숙소를 나섰다. 설 기간인 '뗏'에 해당되어 호텔이 문을 열었는지 확인해야 한다는 단서가 있었지만 현지어로 통화가 어려워 포기했다. 숙소가 확정이 안 되어 불안했지만 설에는 인심이 후하다는 것만 믿고 출발했다. 슬리핑 백도 챙겼으니 보험까지 들어 둔 심정이었다. 날이 흐렸지만 비는 내릴 것 같지 않아 다행이었다. 하노이 미딩 지역을 벗어나 서쪽으로 향하는 CT08번 도로를 따라 가다가 DT446 도로로 좌회전해 남쪽으로 향하는 코스는 이미 수회 다녀 어렵지 않게 찾아갈 수 있었다. 어제 마지막으로 들렀던 지점을 지나 퇴적기원 변성암 지층을 만났다. 이곳에 발달한 흑색 셰일층 주변은 석탄을 채취한 것으로 보인다. 더 남쪽으로 AH13 도로를 따라 내려가면 습곡구조를 보이는 흑색 셰일층이 보이고 일부 석탄이 섞여 있어서 주민들이 캐서 연료로 이용한 흔적도 있었다. 이들 지층은 고생대 페름기의 Yên Duyệt 층으로 검은색 셰일층과 백색의 렌즈상 석영 및 석회암이 조화를 이루어 아름다운 모습을 보여 준다.

사진 2-5. 셰일, 석탄 등으로 구성된 퇴적기원 변성암 지층(위치 좌푯값: 20.9799N, 105.40305E)

사진 2-6. 이 노두는 흑색 셰일, 쳐트질 셰일, 렌즈상 석회암, 탄질 셰일 등으로 구성된 고생대 페름기의 Yên Duyệt 층에 해당한다(위치 좌푯값: 20.950488N, 105.391156E).

사진 2-7. 사진 2-6의 접사사진
　　백색의 렌즈상 석영맥이 흑색 셰일층 사이에 발달함.

사진 2-8. 평야에 솟아난 석회암 언덕(촬영 위치 좌푯값: 20.69252N, 105.314418E)

　　　　　　　　　　　　　베트남의 사금을 찾아서

저 멀리 평야의 끝과 산이 만나는 곳에서 뾰족하게 솟아난 바위 언덕들은 대부분 석회암 지층이다. 이런 모습의 돌들은 하롱베이의 섬들에서 자주 볼 수 있다. 하지만 하롱베이의 석회암에는 금이 전혀 없다. 점심 무렵이 되어 어렵게 문을 연 휴게소를 찾아 들어갔다. 그저께 숙소 옆, 빵집에서 준비해 둔 샌드위치 점심을 그냥 먹자니 쫓겨날 것 같아서 음료수를 한 병 사서 탁자에 전시한 채로 앉아서 편하게 식사를 했다. 가르치던 학생이 설 음식이라고 직접 볶아 온 아주 작은 땅콩을 후식으로 까먹으면서 새삼 베트남 사람들의 작은 정들을 느껴 본다. 참 알도 작지만 맛은 고소하구나! 휴게소 옆에 버려진 승용차는 내 나이만큼 오래된 것처럼 보여진다. 이젠 쓸모없는 낡고 오래된 이 차처럼 버려진 사금을 찾아 떠난 내 인생! 이곳을 지나면서 나처럼 오토바이를 타고 여행하는 이스라엘 남자와 프랑스 여자 커플을 만났다. 이들은 행색이 초라해서 강도를 만날 것 같지는 않았지만 몇 주는 빨래를 하지 않고 입은 것이 확실한 겉옷의 때는 현지인보다 더한 거부감을 느끼게 했다. 오토바이를 타고 베트남을 여행하는 것이 쉽지는 않으리라. 이 커플은 가는 방향이 같아서 길에서 여러 번 보게 되었다. AH13 도로를 따라 남쪽으로 내려오다가 마이쩌우로 향하는 서쪽 길로 들어서면 커다란 산을 넘어가야 한다. 이 산의 중턱부터 많은 노점들이 있는데 이곳 사람들은 하노이에서 본 사람들과는 조금 다르게 생기고 옷도 달리 입었다. 이 산은 명산이라 그런지 휴일을 맞은 현지 여행객들이 많이 와 있었다. 이 산의 돌들은 백색의 괴상 대리석들이었고 흰 봉우리 위에는 베트남 국기가 있었다. 이 돌이 생긴 지질시대는 트라이아스기였으며 베트남의 지층 순서 상으로는 Đổng Giao 층에 해당되었다. 위험해 보이는 이 봉우리 위에서 사진을 찍으려는 젊은 친구들이 등산 장비도 없이 기어 올라가서 사진을 찍고 있었다.

사진 2-9. 백색의 괴상 대리석으로 트라이아스기의 Đổng Giao 층에 해당함
(위치 좌푯값: 20.66031N, 105.143098E).

이 산을 넘어가니 트라이아스기의 셰일, 실트암의 엽리상 층리들이 구조운동으로 깨어진 아름다운 바위들이 보였다.

사진 2-10. 트라이아스기의 엽리상 셰일, 실트암, 대리석 지층이 구조운동에 의해 깨어짐
(위치 좌푯값: 20.676053N, 105.103951E).

사진 2-11. 사진 2-10의 접사 사진

산을 넘어가서 QL15 도로를 따라 남쪽으로 조금 내려오니 동네에 안 어울리는 현대적인 호텔이 보였다. 영어가 안 되는 직원이 인터넷으로 확인하더니 방을 내준다. 숙박객이 거의 없는 호텔에서 방을 얻은 것만 해도 다행이었다. 조식 포함이라고 인터넷에 소개되어 있었지만 땟 기간 중에 이런 호사로운 서비스는 불가했다. 거리에 한두 개 식당이 문을 열었으니 그곳에서 저녁을 해결하리라 생각하고 마음 편히 짐을 풀었다. 거리에 나가 보니 먹을 만한 식당은 보이지 않았다. 코로나바이러스로 마음이 불편한데 기침 소리는 여기저기서 들리고 빵집 점원은 몇 개 남지 않은 빵에다 기침을 하면서 빵을 내준다. 편의점에서 잼을 사려다 먼지가 뽀얗게 덮인 것을 보고 다시 빵집에 와서 기침하는 점원에게 잼을 사고 거리를 뒤져 유일하게 문을 연 음식점에서 감자튀김과 햄버거를 사 가지고 왔다. 조금 있다 몇 주 동안 계속되어 온 설사를 했다. 그래도 먹어야 한다고 생각하면서 할 일도 없는 시골 호텔에서 이른 잠을 청한다.

1월 27일, 월요일.

시골이라 그런지 아침 공기는 상쾌했다. 이곳을 찾는 외국 관광객들은 대체로 환경에 관심이 많은 사람들인 것 같다. 자연 친화적인 이곳은 대부분의 숙소가 홈스테이이며 동네는 오래된 전통 모습 그대로의 삶을 보여 주고 있었고 그래서인지 사금 광산이 있었다는 곳은 논으로 바뀌어 있었다.

베트남의 사금을 찾아서

사진 2-12. 사금 광산이 있었던 자리의 개울 위로 다리가 세워져 있었다. 오토바이를 이용한 효율적인 시골길 조사(위치 좌푯값: 20.654316N, 105.07144E).

동네 집집마다 전통적인 이층식 가옥과 농사 기구들이 눈에 띄었다. 환경과는 반대되는 광산의 흔적은 조금도 남아 있지 않은 이곳은 농사와 관광이 주 수입원이 된 에코 빌리지가 되어 있었다. 다음 목적지를 찾아가는 강변 길가에서 커다란 녹색 편암 바위를 만났다. 이곳에서는 사문암과 석영 암맥들이 관찰되는데 이 지역의 사금이나 금광 주변에서는 이런 암석들이 대부분 존재한다.

사진 2-13. 사금 광산으로 가는 길가의 녹색 편암 바위(위치 좌푯값: 20.553618N, 105.023838E)

사진 2-14. 금광 주변에서 흔하게 관찰되는 사문암과 석영 암맥
(위치 좌푯값: 20.553545N, 105.023623E)

베트남의 사금을 찾아서

QL15C 도로를 따라 산 중턱을 오르는 길은 차들도 없지만 첩첩 산중의 자연을 볼 수 있는 너무 아름다운 광경의 연속이었다. 더욱이 이곳을 오토바이로 오르니 풀과 나무를 느끼면서 계곡과 산을 바라보는 것만으로도 너무도 멋진 경험이었다. 신선한 공기와 굽이굽이 내려다보이는 먼 계곡과 마을, 다랭이 논들은 한 폭의 에코 포스터에 나오는 광경이었다.

사진 2-15. 푸루옹 자연보호구역 산 중턱에서 바라본 골짜기 마을 풍경
(사진 촬영 위치 좌푯값: 20.524171N, 105.076846E)

산 중턱을 넘어 서니 점심 무렵이 되었고 이곳에서 에코 관광으로 유명한 호스텔에서 푸짐한 점심을 사 먹을 수 있었다. 이 주변에서는 유일하게 괜찮은 숙박 장소라서 뗏 연휴에도 불구하고 공동숙박(군대 내무반과 유사) 몇 자리밖에 없었다. 이것도 오늘만 가

능하다고 했다. 어제 숙박한 호텔에 2박을 예약해 두었지만 산을 내려가서 다시 호텔로 돌아가는 것은 시간적으로 불가능해 보였다. 아무래도 이 근처나 더 남동쪽으로 내려가서 숙박을 해야 하는데 어떻게 할까 고민하다가 최후의 보루로 이곳을 생각하고 일단 산을 내려가서 탐사를 하면서 숙소도 찾아보려고 생각했다. 산을 다 내려가 계곡이 있는 곳까지 내려와서 작은 시내로 들어가니 호텔들은 모두 문을 닫았고 풀루옹PuLuong 호스텔만이 유일하게 손님을 받고 있었다. 호스텔에는 오토바이를 타고 여행 중인 노르웨이 청년 세 명만이 있었다. 이곳을 예약하고 원래의 계획에는 없었지만 금광이 가장 많이 몰려 있는 Dâu Cá 동네를 강을 따라서 찾아갔다. 강가에는 물고기를 낚는 특이한 그물들이 있었는데 이것이 작동하는 원리는 후에 돌아오는 길에 볼 수 있었다. 목적지에 도착하니 금광은 발견할 수 없고 석회석 광산이 있었는데 시간이 부족해 자세히 살펴보기 어려웠다. 이 지역의 주된 사업이 관광이 되면서 환경 파괴적인 광산이 설 자리는 없어 보였다. 저녁 식사를 호스텔에서 준비해 줄 수 없다고 해서 어제 준비해 둔 빵으로 해결했다.

1월 28일, 화요일, 흐림.

다행히 아침 식사는 호스텔에서 화려하게 준비해 준 식빵, 계란, 라면, 커피를 먹고 출발할 수 있었다. 오늘은 방문하려는 사금 광산들이 모두 숙소 근처라서 가능한 많은 곳을 둘러보려는 생각에

베트남의 사금을 찾아서

마음이 설랬다. 이곳 사금 광산도 근처에 다가가니 녹색 편암이 보이기 시작했다. 석영맥도 잘 발달해 열수기원의 금이 형성되었을 가능성이 높아 보였다.

사진 2-16. 석영 결정들이 암석 내에 발달한 모습

광산이 있었던 지점에 도착하니 개울이 있었고 논과 밭이 형성되어 광산의 자취는 사라진 지 오래되어 보였다. 이곳의 사금 광산은 제4기 퇴적층에서 발견되었으나 주변의 암석은 석탄기페름기의 미립질 현무암과 응회암으로 이루어진 Cẩm Thủy 층이다. 이 층들이 하천의 방향에 수직으로 돌출되어 자연적으로 사금이 선별될 수 있는 좋은 조건을 만들었다.

사진 2-17. 사금 광산 주변의 Cẩm Thủy 층
석탄기페름기의 미립질 현무암과 응회암으로 이루어진 **Cẩm Thủy** 층이 하천의 방향
에 수직으로 돌출되어 자연적으로 사금이 선별될 수 있는 좋은 조건을 만듦(위치 좌푯값:
20.281851N, 105.140193E).

　다시 숙소로 돌아오는 길에는 수직으로 형성된 괴암절벽을 여러
곳에서 볼 수 있었고 이들은 이전에 보았던 것과 마찬가지로 석회
암으로 형성되었다. 숙소에서 점심 식사를 하기에는 일러서 한 곳
을 더 방문하고 와서 식사하려고 오늘 두 번째 사금 광산인 Làng
Chiềng으로 향했다. 이곳으로 가는 강가의 길은 아름답고 고요
해 오토바이를 타고 가는 기분이 최고였다. 도중에 만난 상가 행렬
은 상여를 사용하는 것이나 머리에 백색 띠를 두른 것이 우리와
비슷해 보였다. 광산이 있었던 자리에 도착하니 큰 자갈들 더미가
보이고 하천의 수량이나 퇴적물들의 크기가 사금 채취를 하기에

적당해 보였다. 부근의 경치가 수려해 천천히 돌아오는 길에 대나무 다리를 지나게 되었다.

사진 2-18. 하천의 모래섬으로 이어지는 대나무 다리(위치 좌푯값: 20.3632N, 105.26963E)

이 다리는 드럼통에 대나무를 철사로 엮어 만든 것인데 오토바이가 다리를 건너면서 내는 요란한 대나무통 소리는 호수처럼 맑고 고요한 강을 건너 석회암 절벽이 울림통이 되어, 다시 울려 퍼지는 자연이 만든 커다란 악기 소리처럼 들렸다.

사진 2-19. 사금 광산으로 가는 길가의 석회암 절벽들
대나무 다리 위를 지나가는 소리가 반사됨(위치 좌푯값: 20.363648N, 105.269895E).

　이 다리 옆에는 노르웨이 국기에 베트남어로 써 놓은 작은 문구가 세워져 있으니 숙소의 노르웨이 청년들에게 물어보면 되겠다 싶어서 숙소로 돌아왔다. 아쉽게도 노르웨이 친구들도 떠나고 수십 명이 머무는 호스텔에는 나 혼자 남았다. 호스텔 여직원에게 점심을 부탁하니 오토바이를 타고 달걀을 사다가 계란프라이 두 개를 해 주었다. 베트남에서 오토바이의 활용 분야는 상상을 초월한다. 오토바이로 운반이 불가능한 것이 없어 보인다. 네 명이 타는 오토바이는 흔히 볼 수 있고 여섯 명까지도 가능하다. 한 손으로 오토바이를 타면서 다른 손으론 긴 배관 파이프를 들고 가는 아줌마, 건설용 쇠 파이프 수십 개를 운반하는 오토바이, 큰 창문을 이

베트남의 사금을 찾아서

고 가는 오토바이, 현관문을 나르는 오토바이, 정지하면 안 될 것 같은 계란 운반 오토바이. 필자의 경제적 여건도 오토바이 없이는 사금 광산들을 둘러보기는 불가능했다. 차량을 직접 운전해서 이용하기에는 면허증을 발급받는 과정이 복잡하며 시간이 걸렸고 렌트카는 운전사가 같이 지원이 되어 비용을 감당하기도 어려웠지만 이곳 최대 명절인 뗏 기간 중에 운전기사를 구하는 것도 불가능했다. 하지만 베트남에서 외국인이 오토바이를 탄다는 것은 극히 위험하며 이곳에 온 지 몇 달이 지났지만 이런 결정을 하기까지는 고민이 많았다. 젊은 외국인 친구들은 호치민시에서 오토바이를 빌려서 하노이까지의 여정을 유튜브에 올리지만 정말로 위험하다는 점은 모두 인정할 정도로 아주 위험한 일임에 틀림없다. 그래서 위험을 최소화하고자 '뗏'을 기다렸고 '때'가 맞아서인지 무사히 조사를 마치고 돌아올 수 있었다. 점심을 마치고 출발하려 하니 호스텔 직원이 오토바이의 타이어를 손가락으로 가리키며 중얼거린다. 타이어가 펑크가 나서 움직이기 어려운 상황이다. 참으로 난감한 상황이 되었다. 뗏이라 가게들은 대부분 문을 닫았는데 어떡하나? 호스텔 직원이 자전거용 펌프를 가져온다. 부탁하지 않았는데도 알아서 가져오는 걸 보니 이런 일이 아주 흔한 상황인가 보다. 하지만 외국인이며 뗏 명절 중에 당한 펑크에 어찌할 방도가 없어 보였다. 아주 난감했지만 자전거 펌프로 공기를 넣어 보니 천천히 움직일 수 있어 동네를 돌아보았다. 자동차 가게에 들러 오토바이 펑크 수리하는 곳을 물어보니 아들뻘 되는 젊은 친구는 아마 없을 거라고 하는 반면에 엄마로 보이는 사람이 공기라도 넣어 주라고 해서 자전거 펌프로 부족했던 공기를 콤프레서 압축공기로 더 채워서 더 멀리 가 볼 수 있었다. 명절이라 쉬고 있던 오토바이 수리점을 찾아 부탁을 하니 다행히 수리를 해 주겠다고 했다. 하지만 이 친구도 바퀴를 풀어서 튜브를 수리하기는 싫었는지 베트남제 펑크 수리액을 권유했다. 예전에 듀퐁사 제품을 써 본 경험으로는 매우 효과적이고 튼튼했지만 '메이드 인 베트남'에 대한 신뢰는 전혀 가지 않았다. 그렇다고 명절 중인 이 친구에게 시간을 많이 뺏기도 미안해서 이 제품으로 수리했다.

사진 2-20. 설날 펑크 난 오토바이 고치는 모습

베트남의 사금을 찾아서

숙소로 돌아와 잠시 쉬면서 다음 방문지를 생각해 보았다. 내일은 돌아가는 길에 먼저 묵었던 호텔을 들러서 2박으로 예약했지만 1박밖에 할 수 없었던 점을 설명하고 맡겨 두었던 여권 사본을 찾아서 1박을 더 하고 하노이로 가려는 계획이었기 때문에 내일 이동 중에 가 보려던 장소를 오늘 미리 방문하려고 했다. 펑크 났던 뒷타이어가 걱정이 되었지만 바람이 새는 증상이 보이지 않아 출발했다. 가능한 중복된 도로를 이용하지 않으면서 많은 경치를 관찰하려는 의도가 있었지만 구글맵이 안내하는 길은 너무 협소해 보였다. 베트남의 도로 상황은 예측 불허라서 더욱 걱정이 되었다. 그렇다고 내일 돌아가는 루트 옆의 장소를 보고 오기에는 억울한 점이 있었다. 그래서 다시 숙소로 돌아와서 계획을 수정했다. 오후의 여러 상황이나 그동안 제대로 먹지 못하고 계속되는 설사로 인해 안 좋은 영양 상태를 감안해서 하루라도 빨리 하노이로 돌아가야 겠다고 판단해 일찍 저녁을 먹고 새벽에 출발하면 하루 만에 하노이에 도착할 수 있을 것으로 계산이 되었다. 혼자만 남은 호스텔에 직원도 모두 명절 행사로 가버리고 호스텔을 지키는 어린 소년 한 명만이 남아 있었다. 할 일도 없고 할 수 있는 일도 없으니 내일 새벽 출발하기 위해 호스텔에서 가까운 주유소에 들러 오토바이의 연료를 4만 동어치(약2,000원, 1리터에 약 1,000원의 휘발유 가격, 경유는 1리터에 약 800원 수준) 보충하고 스마트폰 두 개를 충전하고 예비 배터리도 충전, 카메라 충전, 랜턴 준비를 하면서 오후를 보냈다. 불행하게도 빌린 오토바이는 램프가 고장이 나서 야간 운전이 불가능한 사정이다. 차선책으로 헤드 랜턴을 이용해서 새벽에 출발할 계획을 세웠다. 이른 저녁을 먹고 일찍 취침해 가능한 이른 새벽에 출발하려 했는데 뜨거운 물을 주겠다던 호스텔 직원이 오지를 않는다. 하는 수 없이 비상식량으로 준비한 라면과 두유와 길가에서 찐 옥수수를 구해 먹고 있으려니 호스텔 직원이 미안하다면서 계란프라이를 만들어 준다. 덕분에 라면과 찐옥수수와 계란으로 든든한 저녁을 일찍 마치고 이른 잠을 청했다. 슈퍼에서 구입한 G7 커피 두 봉지 중에서 한 봉지를 타서 뿌듯하게 먹은 커피 덕분인지 잠이 오지 않아 뒤척이다 보니 어느덧 새벽 닭 울음소리가 들리기 시작한다.

1월 29일, 수요일, 흐림.

오늘은 하노이로 돌아가는 날이다. 며칠 동안 제대로 먹지도 못하고 맘 편히 자지도 못했는데 이제 편히 쉴 수 있는 곳으로 가게 된다. 어제 밤에 계산을 해 보니 새벽 5시에 출발해도 하루 종일 달려야 하노이에 저녁에 도착한다는 계산이 나와 서둘러 문을 나섰다. 6인실인 호스텔의 여러 방에서 혼자 자다가 새벽에 혼자 나왔으나 무섭다는 생각보다는 오토바이 타이어가 다시 바람이 빠져 못 가지나 않을까 하는 걱정이 앞선다. 다행히 뒷바퀴는 단단하다. 베트남제 펑크 방지액에 대한 믿음이 생기면서 헤드 랜턴을 키고 인증샷을 찍고서 시동을 걸었다. 일발 시동, 당연한 일이지만 베트남에서는 이것도 행운이다. 헤드 랜턴을 비추면서 오토바이를 운전하니 해 뜨는 시간이 6시 30분. 아직 5시도 되지 않아서인지 도무지 길바닥이 제대로 보이지 않는다. 부지런한 베트남 사람들이라 그런지 이 새벽에도 가끔씩 지나가는 오토바이 불빛이 있어 열심히 쫓아가 보지만 너무 빨라서 따라갈 수가 없다. 해가 뜨기를 기다리며 바닥만 쳐다보면서 가다 보니 군대 시절 한겨울 매복 작전 나가서 새벽이 오기를 기다리던 생각이 떠오른다. 어릴 적 부모님이 힘들게 사시면서도 학비를 대 주시던 기억도 나면서, 새벽을 달리는 지금 이곳 베트남의 시골은 내 어릴적 가난과 고생을 상기시켜 준다. 이 새벽에 마을 장터에 농산물을 팔거나 일을 하러 걸어가는 사람들을 보니, 오래전 내가 어릴 적에 돌아가신 큰어머니 생각이 났다. 까맣게 어둡던 밤이 서서히 사라지면서 조금씩 길바닥의 윤곽이 드러나기 시작하니 잔뜩 움츠려졌던 어깨가 펴지고 여유가 생기기 시작했다. '길이 보인다'는 말의 의미가 이런 것인가!

QL217 도로를 따라 남동쪽으로 내려가다가 남북 방향의 호치민 도로를 만나면서 북쪽으로 향했다. 도로변에서 바위암벽에 걸린 황금빛 용은 그 모습이 너무도 상세히 묘사된 훌륭한 작품이었다. 지금 난 이 용의 머리로 가는 중이다. 이 용의 붉은 발가락들이 있는 곳이 다낭쯤 될 것 같다. 이 용의 색채가 멋있다고 느껴지는 것은 배경을 이루고 있는 담황회색 괴상 석회암과 풍화된 검은색 띠들의 조화로움 덕분으로 보인다.

사진 2-21. 용이 걸려 있는 이 바위는 석탄기페름기의 석회암으로 Bắc Sơn 층에 해당된다
(위치 좌푯값: 20.225341N, 105.492541E).

사진 2-22. 사진 2-21 괴상 석회암 확대 사진
유백색 부분이 석회암 색상이고 진한 갈색과 흑색은 풍화에 의한 2차 색이다.

그동안 다낭의 용다리 등, 수많은 용의 형상을 보아 왔지만 이 시골 구석의 바위에 걸린 용만큼 자연스럽고 멋진 용은 처음이다. 이 석회암은 석탄기페름기의 석회암으로 Bắc Sơn 층에 해당된다. 꾹프엉국립공원Vườn Quốc Gia Cúc Phương의 서쪽 길을 지나면서 심하게 습곡된 변성암 지층들을 만났다. 이들 지층 내에 발달한 규암층과 셰일은 이 돌들이 퇴적 기원이었음을 알려 준다.

사진 2-23. 사암, 실트암, 대리석으로 이루어진 이 바위는 트라이아스기에 퇴적된 Suối Bảng 층의 하부에 대비된다(위치 좌푯값: 20.470316N, 105.655673E).

이 바위가 만들어진 시기는 트라이아스기로 Suối Bảng 층의 하부에 대비된다. 이 공원을 지나고 하노이로 향하면서 여러 개의 광산을 만날 수 있었다. 이 광산들은 대부분 호치민 도로의 동쪽

구릉에 위치했다. 이들은 하나같이 도로 옆에 솟아 있는 큰 바위 산을 반쯤 자른 형태로 식물들이 살아 있는 녹색과 핑크빛 백색의 바위들로 뚜렷이 구분되었다. 그중 몇 개의 광산은 마침 명절이라서 출입이 자유로워 노두에 다가가서 사진 촬영을 할 수 있었다. 이 바위들은 괴상 석회암과 돌로마이트로서 트라이아스기의 Đống Giao 층 하부에 해당된다.

사진 2-24. 이 바위는 괴상 석회암과 돌로마이트로 이루어진 트라이아스기의 Đống Giao 층 하부다(위치 좌푯값: 20.688533N, 105.651586E).

하지만 한 곳의 광산만은 명절인데도 불구하고 여러 사람이 지키고 있었으며 사진 촬영을 못 하도록 통제하고 있었다. 험상궂은 경비원을 보고 봉변을 당할까 싶어 얼른 오토바이를 돌려 나왔다.

베트남의 사금을 찾아서

이 광산은 입구도 괴이해서 다른 광산처럼 골재 채취가 목적은 아닌 듯싶다. 하노이가 가까워지니 예전에 들렀던 도시들이 보였다. 마음에 안도감이 들면서 이젠 오토바이 타고 시골 갈 일은 없다고 다짐하면서 무사 귀환을 자축하는 타이거 맥주(하노이의 유명 맥주 상표)를 마셨다. 남북 방향으로 길게 뻗어 있는 베트남 국토는 용의 모습으로 동쪽을 바라보고, 호랑이 모습의 한반도는 서쪽을 바라보니, 이 둘이 서로 바로 보고 있는 형상이 요즘 세상 물정과 비슷하고, 지금의 베트남은 예전의 한국과 비슷하다는 생각을 해 보면서 호랑이(타이거) 맥주를 용의 머리에 앉아 마신다. 맥주 한잔에도 취하는 것은 하루 종일 맞은 바람 때문인가? 아니면 텅 비어 있던 위장 덕분인가?

2월 4일, 화요일, 비.

탕 교수와 타이 군이 숙소 옆의 스타벅스 커피점으로 픽업을 왔다. 새벽까지 자료 준비를 하느라 힘들었지만 쉽게 일어날 수 있었다. 탕 교수가 야외조사 간다는 이야기를 듣고 오토바이로 가 보기는 먼 곳이고 관련 전문가들의 의견도 들을 수 있는 기회라서 기쁜 마음으로 지질조사에 동행하게 되었다. 우리는 타이완에서 연구차 도착한 아카데미아 시니카 소속 콴 박사를 호텔에서 픽업해 시내의 유명한 쌀국수집으로 갔다. 코로나바이러스로 탕 교수가 준비해 온 마스크를 모두 착용하고 출발했다. 비가 오는 국도를 따라 라오까이Lào Cai에 이르러 시장 옆의 식당에서 점심을 하려고 하니 의외로 오가는 사람들도 적고 중국과의 국경이 인접해서인지 코로나의 여파로 장이 한산하다. 식사를 마치고 산길을 따라서 이동하다 보니 금광이 있었던 부근에 변성암 바위들이 보였다. 목적지인 라오까이성, Bát Xát 군의 Y Tý 현에 도착한 것은 오후 4시 무렵이었다. 안개가 자욱하고 이슬비가 내리는 작은 동네에는 집들이 드문 드문 산기슭에 있었고 홈스테이가 가능한 집이 서너 곳이 있었다. 탕 교수 조교인 타이 씨가 첫 홈스테이 집은 상태가 안 좋다고(가축과 같이 동침) 해서 포기하고 두 번째로 들른 곳, 사실 이 집 말고는 달리 묵을 홈스테이도 없는 상황이었지만, 꼬시Co Si 란 홈스테이로 숙소를 정했다. 이 부근의 집들은 대부분 집집마다 오래된 고목이나 나무뿌리를 다듬어 집 안팎으로 늘어놓았다. 비도 오고 야외조사를 하기에는 어려운 상황이라 이른 저녁 식사를 했다. 높은 산악 지대이면서 비까지 오니 높은 습도로 인해 국내의 한겨울 추위보다 더 춥게 느껴졌다. 숙소 내부의 이부자리는 그 두께가 한겨울 솜이불 두께인 걸 보고 놀라웠는데 천장이 모두 통해 있어서 외부 한기가 그대로 들어오고 있었다. 홈스테이를 운영하는 아주머니는 특별 목욕물을 준비해 주었는데 약초를 넣은 목욕물을 끓여서 목욕을 하고 자면 춥지 않다고 했다. 코로나바이러스도 있고 해서 목욕을 하지 않았는데 탕 교수는 목욕 직후, 부작용으로 현기증이 발생해 약을 먹고 누워 있는 신세가 되었다. 산골 홈스테이에서 닭고기, 돼지고기, 쌀로 만든 술 등 진수성찬으로 대접받고 하루 종일 덜컹거리며 달려온 힘든 여정을 마무리했다.

사진 2-25. 장작을 패서 손님들의 목욕물을 끓이는 홈스테이 할머니

2월 5일, 수요일, 비.

새벽의 닭 우는 소리에 잠이 깨어 보니 아직 4시도 안 된 시간이었다. 산골 닭들은 이렇게도 이른 아침에 일어나는가? 어제 밤에 준비해 간 모든 옷을 입고도 덜덜 떨면서 잠이 들었는데 아침에 일어나니 추워서 이불 밖으로 나오기가 싫다. 이불을 깔고 침낭을 놓고 그 위에 두툼한 이불을 덮었는데도 춥다. 새벽 비가 오는 와중에 뜨거운 물에 불린 라면에 계란 두 개씩 넣어서 아침 식사를 하고 홈스테이를 나섰다. 자욱한 안개비 사이로 수많은 산길을 돌고 돌아 도착한 곳은 중국과 베트남의 접경 지역. 강을 경계로 나누어져 있었지만 특별한 장벽이나 경계표지가 없어서 지도를 보아

야 확인이 가능했다. 이곳은 화산암과 변성암이 만나는 곳인데 그 접촉면이 국경을 이루고 있어 이 면을 따라 흐르는 강을 볼 수 있었다.

사진 2-26. 중국과 접한 베트남 북쪽 국경선과 화산암(감람암질 현무암)/변성암 부정합면
(위치 좌푯값: 22.72011N, 103.580424E)
변성암은 대리석이 협재된 흑운모 편암, 편마암으로 구성된 원생대의 Suèi ChiÒng 층이고 화산암은 신제3기 감람암질 현무암이다.

　이들 변성암은 대리석이 협재된 흑운모 편암, 편마암으로 구성된 원생대의 Suèi ChiÒng 층으로 신제3기의 화산암인 감람암질 현무암에 의해 덮였다. 감람암질 현무암은 맨틀의 마그마가 분출된 것이라서 지구 내부의 정보도 제공해 주며 금속광물자원 형성에 대한 정보도 갖고 있어서 자원 탐사의 중요한 자료다. 이 산골은 겨울잠을 자는 중인 듯 모든 것이 정지한 것처럼 보였다. 오직 작

　　　　　　　　　　　베트남의 사금을 찾아서

은 매화나무에 열린 꽃망울이 봄이 오는 것을 알려 주고 있었다. 탕 교수와 콴 박사는 여기서 현무암 시료들을 채취했다. 아직까지는 이곳의 화산암에서 돌의 나이를 측정한 적이 없었다고 하니 학문적으로는 큰 의의가 있는 연구이리라. 하지만 이젠 연구를 떠난 내게는 젊었을 적의 내 모습을 보는 것만 같아 씁쓸한 느낌이 들었다. 시료를 채취하고 나서는 200㎞ 이상 떨어진 디엔비엔푸Điện Biên Phủ로 이동을 시작했다. 이동 중에는 세일층을 만나기도 했는데 대부분 높은 각도로 경사져 있어 세일가스 개발은 어렵지 않겠냐고 물어본다. 베트남은 산유국이지만 급속한 경제성장으로 석유가스를 수입해야 하는 상황이 되었기 때문이라서 석유 가스 탐사에 국가적인 관심이 있었기 때문이다. 일부 원생대 퇴적기원의 변성암 지층이 화석연료자원을 포함한 것처럼 검은색을 띠는 것은 2차적인 변질작용에 의해 만들어진 색상이다.

사진 2-27. 석영-견운모 편암, 대리석으로 이루어진 원생대의 Cha Pả 층
(위치 좌푯값: 22.450883N, 103.77153E)

사진 2-28. 코로나바이러스로 한산한 라이차우Lai Châu 시가지 전경

　점심 식사를 위해 들른 도시는 라이차우Lai Châu 시가지였는데 코로나바이러스로 인해 거리 전체가 한산했다. 사스바이러스가 창궐했던 당시에는 한국과학재단의 연구비를 받아서 중국의 타클라마칸 사막에서부터 오도스, 알라샨, 황토고원을 거쳐 커친 사막까지 돌아다녔고, 멕시코 돼지독감 때는 탐사선을 구입하러 멕시코 마사뜰란 항구에 갔었고, 코로나바이러스 상황에서는 중국 접경 지역인 베트남 북부 지방을 다니다 보니 너무 자주 위험에 노출되는 것이 아닌가 싶다. 운이 좋아서 지금까지는 무사했지만 운이라는 것이 계속 좋기는 어렵지 않을까? 하는 생각이 들면서 걱정이 되기 시작했다. 이젠 나이가 들어서인가?

베트남의 사금을 찾아서

이곳에서 코로나바이러스가 시작되면 베트남의 식습관이나 문화로 인해 그 전파력은 훨씬 위협적이리라. 베트남 사람들은 식사 후 차를 마실 때에 여러 개의 찻잔이 있으면 그중 하나에 물을 채워서 나머지 잔들을 헹구어 차를 마신다. 식당 한쪽에 있는 이 찻잔은 계속해서 손님들이 이용한다. 이 과정에서 바이러스 전파는 자명할 것이다. 담배를 피울 때도 커다란 담뱃대, 일명 바추카를 공용으로 사용하는데 이 과정 또한 바이러스 전염 가능성이 높다. 게다가 대도시 부근은 수많은 오토바이로 이미 폐질환자들이 수도 없이 많고 길에서도 기침을 하는 사람들을 유난히 많이 볼 수 있다. 대기오염이 심하고 오토바이 매연 때문에 택시나 버스는 창문을 모두 꼭꼭 닫고 다니니 실내 감염 가능성 또한 높다. 모르는 사람과도 쉽사리 악수하고 대화하기를 좋아하는 습성 또한 바이러스 전파에 적합한 조건임에는 틀림없다. 점심을 먹기 위해 들른 대로변의 식당이 한산했고 사람들의 인적도 끊어져 있었다. 저녁을 먹기 위해 들른 식당도 상황은 마찬가지였고 식당에서는 타우 조교가 매번 보온병의 물로 젓가락과 밥그릇을 세척하는 수고를 마다하지 않았다. 자정 무렵 도착한 숙소는 여인숙 수준의 위생 상태라서 슬리핑백 없이는 차마 잠을 이루지 못할 상황이었다.

2월 6일, 목요일, 흐림.

디엔비엔푸는 베트남 사람들에게 자랑스러운 도시였다. 이곳에서 프랑스와 격전을 치르며 승리로 이끈 비엣밍Viet Minh(베트남 독립동맹회) 역사는 모든 베트남 사람들이 잘 알고 있으며 프랑스군이 항복한 벙커를 방문하는 것이 당연시되는 문화다. 아침 식사는 이곳의 유명한 쌀국수집에서 해결하고 첫 조사 지점으로 향했다. 동행한 학자들은 논문에 기재된 현무암 바위를 찾으려고 했지만 찾을 수가 없었다. 간신히 주변 동네를 뒤져서 현무암 시료를 채취하고 프랑스군 벙커로 향했다. 이곳에는 많은 베트남 사람들이 지나간 역사를 기억하고 있었다. 비엣밍들은 주변의 높은 고지로 대포를 분해해서 진흙길을 기어올라가 다시 대포를 조립해서 프랑스군을 압박했고 고립된 프랑스군은 미군의 도움으로 버티다가 결국 참호를 파고 다가오는 비엣밍들에게 항복하고 말았다. 당시 이 작전을 이끌었던 호치민은 1953년 손가락 다섯 개를 펼치며 5단계 주도권 전략을 펼쳤고, 결국 마지막 단계인 게릴라 전술로 승리할 수 있었다. 당시 미국은 인도차이나를 장악하기 위해 프랑스를 꼭두각시로 내세웠고 디엔비엔푸 전투는 미국이 월남전에 개입하게 된 계기이기도 하다. 수십 년이 지난 지금도 모든 베트남 사람들의 마음속에 살아 있는 디엔비엔푸 전투는 베트남의 영광, 그 자체였다.

　선라를 거쳐 탄호아 남쪽으로 내려오는 길은 열 시간 이상 걸리는 긴 여정이었다. 선라에서는 차량의 브레이크가 고장 나서 고치느라 더 지체되었고 결국 자정 무렵에나 탄호아 남쪽 작은 도시에 도착할 수 있었다. 문을 연 호텔이 없어 여러 곳을 찾아다니다 허름한 여인숙 수준의 호텔에 방을 구할 수 있었다.

2월 7일, 금요일, 흐림.

오늘 찾아간 Huyen Nghia Dan 지역에서는 용암이 흘러서 퇴적층을 덮은 부정합면을 볼 수 있었다. 이 부정합면에는 아무것도 쌓이지 않은 표면이지만 이 면이 노출되었던 시간은 아주 오래되었다. 이 바위에서 남쪽으로 이동해 화산암 노두에서 감람암 광물을 발견했다. 이 광물들은 맨틀에서 형성되어 열수와 함께 화산 분출 시에 올라온 물질로 맨틀의 성분과 기원을 이해하는 데 도움이 되는 물질이다. 이 광물을 많이 발견하면서 같이 간 지질학자가 크게 기뻐했다. 이러한 물질들은 학문적인 의미도 중요하지만 같이 산출되는 구리나 니켈 같은 지하자원을 찾는 단서가 되기도 한다. 자원 개발이 장기적이고 큰 규모로 지속적으로 진행되는 외국과 비교하면 국내 기관들의 해외자원 개발은 정치인들의 무지와 단기적인 사업들로 인해 후진국 수준을 면치 못하는 것이 안타까울 따름이다. 맨틀이란 거대한 지구의 내부 구조에서 올라온 감람석이 발견되는 바위들 옆에는 이름 모를 베트남의 야생화들이 피어 있었다. 이 꽃들은 짧은 기간 피었다 사라지지만 이들의 아름다움은 수억 년의 비밀을 간직한 돌보다 뒤지지 않으리라.

사진 2-29. 플라이스토세 감람암질 현무암 시료
암석의 중앙 녹색 부분이 감람암이며 이것이 맨틀로부터 분출된 물질이다(위치 좌푯값:
19.303168N, 105.451526E).

2월 27일, 목요일, 맑음.

밍 교수가 아침 6시 30분에 출발한다는 연락이 왔다. 숙소에서 만나 박닌성 투선Từ Sơn에서 광산 주인 앤 씨를 태우고 송콩으로 이동해 우엔 씨를 만나 출발했다. 우엔 씨는 자가격리 해야 마땅할 상태로 보였다. 차 안에서 계속 기침을 하지만 이 사람이 같이 가야 한다고 하니 어쩔 수 없었다. 광산 주인인 중년의 앤 씨는 의욕이 넘치고 자신감에 찬 전형적인 베트남 사람이었다. 이 사람이 자신의 광산을 보여 주기까지 오랜 시간이 걸렸다. 수개월 전에 금광을 방문하고 싶단 이야기를 전했고 밍 교수와 동갑이면서 보안요원으로 대학에서 같이 오래 근무한 앤 씨가 내게 광산을 보여

베트남의 사금을 찾아서

줘도 문제가 될 것 같지 않다는 생각을 하게 되면서, 마침내 광산 방문이 이루어졌다. 앤 씨 집안이 군인 가족이라서 어지간한 말썽은 해결할 수 있다는 자신감도 한몫을 한 것 같다.

금광으로 가는 길가에는 호치민이 1945년 베트남 독립운동을 하던 뚜옌꽝Tuyên Quang 딴짜오Tân Trào 마을이 있다. 이곳은 성지였다. 굳이 이 마을에 들러서 외국인인 나에게 차와 마실 것을 호기롭게 사 주는 앤 씨의 얼굴에서 뿌듯한 감격을 읽을 수 있었다. 불법 광산을 구경하는 대가로 성스러운 호치민 선생의 무용담을 고개를 끄덕이며 들었다. 가끔은 질문도 해 앤 씨의 흥도 돋우면서. 이 마을의 언덕 위에 호치민이 거주하던 가옥이 있고 그 밑으로 경비원 숙소, 미군 OSS deer team 숙소가 보인다.

사진 2-30. 호치민이 1945년 베트남 독립운동을 하던 뚜옌꽝 딴짜오Tân Trào 마을의 미군 OSS deer team 숙소(위치 좌푯값: 21.774263N, 105.48263E)

숙소로 사용한 초가집의 크기는 비슷한데 호치민이 거주했던 집 앞은 수많은 꽃들이 헌화된 반면에 미군 OSS 숙소 앞에는 단 한 송이 꽃도 없는 것이 대조적이었다. 1945년 당시 베트남과 미국은 서로 협력해 일본과 싸우던 상황이었고 호치민은 트루먼 대통령에게 수차례 지원을 요청했으나 거절당하고 러시아로부터 지원을 받게 되어 민족주의자였던 호치민이 베트남의 독립을 위해 공산주의 노선으로 돌아서게 된 계기였다고 이곳 사람들은 이야기한다.

뚜엔꽝 북동 산악 지대의 좁은 길을 따라가다가 차를 세우고 도보로 이동했다. 도착한 곳에는 소수민족이 살던 이층 목조주택에 광산 인부들이 모여 있었다.

사진 2-31. 금광 숙소로 사용되던 소수민족 가옥(위치 좌푯값: 21.88XXXXN, 105.33XXXXE, 광산 관계자의 안전을 위해 정밀 좌푯값 삭제)

베트남의 사금을 찾아서

우리가 가져간 고기와 미리 준비해 두었던 반찬들로 점심을 준비했는데 메뉴가 무척 많고 양도 푸짐해서 내가 준비해 간 김밥과 컵라면은 한쪽 구석에 모셔졌다. 닭고기는 야생이라 특히 좋다고 추천하는데 닭이 운동을 많이 해서 그런지 단단한 고무를 씹는 느낌이었다. 그나마 주변에서 뜯어 온 나물들은 향초 냄새가 나지 않아 다행이었다. 나중에 보니 식사를 마치고 남은 음식은 모두 잘 보관해 두는 것으로 보아 손님들이 온다고 많이들 준비한 것으로 보였다. 식사 때는 엔진오일을 담았던 것처럼 보이는 노란 플라스틱 그릇에 술을 담아서 한 잔씩 돌린다. 맛을 보니 무색, 무미, 무향의 그야말로 공업용 알코올 같은 느낌이 든다. 국내는 코로나 바이러스로 확진자가 1,000명을 넘었으니 주의하라는 사항이 방송되지만 이곳에서는 그 모든 것에 역행해 살고 있었다. 맛있어 보이는 반찬을 내 밥 위에 자신이 사용하던 젓가락으로 올려 주고, 찻잔은 양동이에 담갔다가 꺼내서 그대로 사용하거나 한 잔에 물을 따라 다른 잔으로 옮겨가면서 부은 다음 버리고 사용했다. 기침은 대다수가 하고 있었지만 마스크를 착용한 사람은 한 명도 없었다. 숙소 겸 식당인 소수민족 목조주택 아래에는 소나 가축들이 있고 위에서 사람들이 거주하는 형식인데 2층에 해당하는 주거 공간은 널빤지들이 듬성듬성 있고 사이사이로 대나무로 얽어 놓은 형태라서 온갖 쓰레기들이 1층으로 떨어지고 이것들을 치우지 않아 위생 상태는 최악이었다.

사진 2-32. 금광 숙소 내부(좌에서 우로: 광산 주인, 현장 책임자. 밍 교수, 필자, 광산 주인의 처남)
앞에 보이는 대나무통이 공용 담뱃대다.

사진 2-33. 금광 수직갱도 입구
전기윈치에 바구니를 달아서 암석과 사람을 운반한다.

베트남의 사금을 찾아서

그래도 아직은 겨울이라 모기나 벌레들이 들끓지 않는 것이 그나마 다행이었다. 하지만 몇 달 동안 알아보고 겨우 얻은 기회라서 불평할 수도 없었다. 식사를 마쳤는데도 광산 내부를 보여 주고 싶어 하지 않아 겨우 설득을 해 입구까지 가 볼 수 있었다.

이 금광은 수직으로 20m쯤 내려간 다음 수평으로 금맥을 따라가는 방식으로 개발이 진행되고 있었다. 수평 갱도 내에서는 지하수가 분출하고 있어 배수를 하면서 굴착이 이루어지고 있었다. 수직으로는 전기모터를 이용해 양동이에 광석이나 인부들을 태워서 이동했는데 이 양동이의 크기가 작아 인부들은 양동이를 밟고 옆의 보조 로프를 잡고서 오르내렸다.

사진 2-34. 수직갱도 하부의 모습
지하수를 퍼내는 양수기와 수평갱도로 진입하기 위한 옹벽이 보인다.

지하에서 촬영한 동영상을 보면 작업 조건이 열악해 언제 사고가 날지 모르는 상황이었다. 갱도 아래까지 내려가는 것이 위험해 보이기는 해도 가 보고 싶었지만 혹시라도 갱도에 감금될까 봐 내려가지는 못했다. 수직갱도 입구의 바위에는 금광 주변에서 주로 관찰되는 석영암맥이 보이는데 여기서 멀지 않은 금 광산 방향으로 갱도가 놓였다.

사진 2-35. 광산 입구 변성암의 석영암맥
금맥이 발달하는 특징적인 지질 조건을 보여 준다.

돌아오는 길에 들른 광산 주인의 집에서는, 아낙네들과 아이들이 모여서 기다리고 있었다. 노모와 이모, 부인, 아들 부부, 둘째 아들 부부 수십 명이 저녁을 준비해서 기다리고 있었다. 밍 교수

베트남의 사금을 찾아서

에게 그냥 가자고 해도 어쩔 수 없다는 듯한 표정을 짓는다. 저 많은 사람들과 저녁 식사를 같이 하면 뭔가 일이 날 것만 같았다. 어떻게든 같이 마시고 먹지 않으려고 했지만 자꾸만 내 밥그릇 위에 자신들의 젓가락으로 고기를 얹어 주니 남들이 안 먹은 반찬과 젓가락이 가지 않았던 부분만을 이용해서 먹는 데도 한계가 있었다. 중간중간 주어지는 술잔은 알코올 소독하는 기분으로 마셨다. 자포자기한 심정으로 밥그릇을 비우니 차를 가져온다. 누구 잔이었는지도 모를 먹던 찻잔에 차를 담아 준다. 방바닥에 펼쳐 놓은 반찬과 밥그릇을 정리하더니 노모와 이모할머니, 부인, 아들 부부, 둘째 아들 부부, 아이들이 우리들이 남긴 반찬으로 밥을 먹기 시작한다. 불법 금광을 구경하는 것이 위험한 줄도 알고 최악의 경우에는 금광 안에 감금될지도 모른다는 걱정도 했었지만 현실적인 위험은 그보다 더 엉뚱한 방식으로 내게 다가왔다. 저녁 밥상!

조사 지역

히스-므엉떼Khi Sú - Mường Tè 지질도의 라이쩌우성 무엉떼 Mường Tè지역에는 라후Lahu족이 산악 지대에 거주하고 있는데 이들은 19세기에 티벳에서 이주해 온 소수민족이다. 이들은 중국,

미얀마, 태국, 라오스 등에 흩어져 살고 있지만 국경선을 넘어서 서로 긴밀한 유대 관계를 이룬다고 한다. 이 부족의 이름인 '라후'는 '호랑이처럼 강하다'란 뜻인데 호랑이를 사냥하고 그 고기를 먹어서 유래한 것이라고 하지만 실제로는 쌀농사를 짓고 있다. 이들은 하늘신을 섬기는데 새해 첫날 하늘신에게 제사를 올려 축복을 받는다. 옷에는 검은색이 많이 포함된 긴 치마나 바지 등을 입고 머리에는 화려하거나 검은색 모자를 쓰기도 한다. 이 지역 내의 지층들은 북서남동 방향으로 발달했다. 이 방향으로 단층들도 발달했고 그중에서 석탄기의 세일, 견운모 세일, 규질 사암, 석회암으로 구성된 Nậm Cuổi 층(백색)과 페름기 석회암이 협재된 역암, 안산암질 현무암, 안산암, 규질 화산암, 유문암, 규장암, 응회암으로 구성된 Sông Đà 층(황토색)의 경계면을 따라 발달한 단층대에서 열수hydro-thermal 기원의 금광이 발견되었다(그림 2-2). 여기서 발견된 금은 황철석이나 보석 광물들과 같이 산출되는 특징을 보인다. 이들 열수기원 금광은 석탄기 푸시룽Phu Si Lung 화성암 복합체 형성의 1단계인 화강암, 반정질 흑운모 화강암, 복운모 화강암 형성(핑크색) 및 2단계의 미립질 흑운모 화강암, 복운모 화강암(적색) 형성과 연관된 것으로 추정된다.

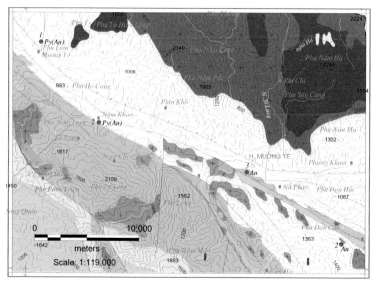

그림 2-2. 사금이 발견된 히스-므엉떼Khi Sú - Mường Tè 1:200,000 지질도의 일부분
오렌지색 원Au이 사금이 발견된 곳이고 그 옆의 수자는 광산을 구분하는 번호다. 지질도
의 색상은 암석을 나타내며 종류에 따라서 다른 색으로 칠해졌다. 적색 실선은 단층斷層
의 방향과 종류를 알려 준다.

　　낌빙-라오까이Kim Bình - Lào Cai 지질도에서 발견된 사금 광산
은 Ma Lu Thang, Mường Vi, Quang Kim, Pa Ka Ha, Sa Pa,
Nọng Hẻo 등이며 그 외의 일차 금광들은 구리, 납, 아연을 수반
한 열수기원의 광상이다. 그림 2-3에서 13, 16번 금광은 사금 광산
이며 5, 8번은 열수기원의 금광이다. 이들 금광은 북서남동 방향으
로 발달한 단층대를 따라 분포한 원생대의 Xuân Đài 그룹(옅은
자색)[2] Suèi ChiỒng 층을 구성하는 대리석을 협재한 흑운모 편

---

2)　그룹group: 지층 단위, 여러 개의 층formation이 모여 하나의 그룹을 이룸.

암, 석류석-흑운모 편마암, 각섬암, 각섬석 편암과 Sin Quyền 층을 구성하는 흑운모 편암, 복운모 편암, 각섬석, 규암 및 캄브리아기 하부에 해당하는 Cam Đường 층(쑥색)의 역암, 세일, 석회질 실트암에서 발견된다. 본 지층에서는 인회석이 산출되는 특징을 보인다. 이 지역은 캄브리아-오도비스기의 섬록암, 화강섬록암, 화강암으로 이루어진 Po Sen 복합체(Complex)가 관입했다.

라이차우Lai Châu 성의 Tam Dương, Sìn Hồ, Than Uyên 군 Pu Sam Cáp 산 주변에서는 영국계 회사인 TRIPLE PLATE JUNCTION Ltd가 금광 탐사를 수행했다. 그 결과 알칼리 반정 스타일의 광화작용이 확인되었다. Pu Sam Cáp 광산은 Tú Lệ 화산암 지대의 서쪽에 해당한다. 이곳은 서쪽의 미얀마말레이시아판, 북쪽의 남중국판, 그리고 남쪽의 인도차이나판 등 세 개의 대륙판 경계가 후기 고생대에 충돌한 지점이라서 금과 구리 등의 자원이 많이 발견된 곳이기도 하다. 이 화산암 복합체는 약 11㎞의 길이로 동쪽과 서쪽에서 단층과 만난다. 하부 트라이아스기 Cò Nòi 지층은 이암, 이회암, 사질 실트암 및 역암으로 구성되었다. 이 위로는 중부 트라이아스기의 회색의 두꺼운 괴상 석회암과 석회질 역암으로 구성된 Đồng Giao 층이 놓인다. Pu Sam Cáp 복합체의 북동부에는 상부 트라이아스기 Suối Bàng 층이 있고 이 층은 역암, 사암, 세일, 석탄 등의 쇄설성 퇴적물로 구성되어 있다. 이 위에 놓인 백악기의 Yên Châu 층은 역암, 사암, 실트암 등으로 구성되었고 Pu Sam Cáp 복합체의 서쪽에 발달했다. 이 지

역에서의 알카리 마그마 분화작용이 이 지역에서의 광화작용에 영
향을 준 것으로 보인다. 이 지역의 암석 분석에 의하면 126g/t의
금을 함유한 것으로 알려졌다.

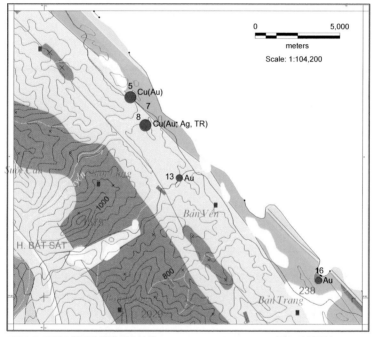

그림 2-3. 사금이 발견된 낌빙-라오까이Kim Bình - Lào Cai 1:200,000 지질도의 일부분
오렌지색 원Au이 사금이 발견된 곳이고 그 옆의 수자는 광산을 구분하는 번호다. 지질도
의 색상은 암석을 나타내며 종류에 따라서 다른 색으로 칠해졌다. 적색 실선은 단층斷層
의 방향과 종류를 알려 준다.

평살리디엔비엔푸Phong Sa Lú - Điện Biên Phù 도폭에서 사금 광
산은 그림 2-4의 6, 9번 Pi Toong, Pá Mu 광산이고 나머지는 열
수광산이다(그림 2-4). 금이 발견된 지층은 전기 트라이아스기의 현

무암, 코마티아이트,[3] 반정질 현무암, 장석질 현무암, 유문석영안산암, 조면암으로 구성된 Viên Nam 층(보라색)과 세 개의 아층Sub-formation으로 구성된 Mường Trai 층(옅은 분홍색)이다. 이들 지층은 하부로부터 사암, 실트암, 석회질 실트암, 응회암층이 협재된 이암이 놓이고 그 위로 석회암, 대리석이 퇴적된 후, 상부에는 실트암, 사암, 세일로 덮여 있다. 남쪽과의 경계는 백악기에 해당하는 Yên Châu 층(쑥색)의 하부 층준과 경계를 이루며 이들은 사암, 석회암, 실트암으로 구성된 역암으로 형성되었다.

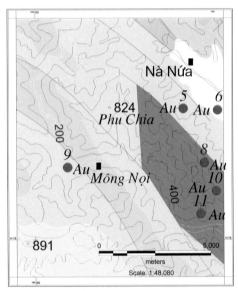

그림 2-4. 사금이 발견된 펑살리-디엔비엔푸 Phong Sa Lú - Điện Biên Phủ **1:200,000 지질도의 일부분**
오렌지색 원Au이 사금이 발견된 곳이고 그 옆의 수자는 광산을 구분하는 번호다. 지질도의 색상은 암석을 나타내며 종류에 따라서 다른 색으로 칠해졌다. 적색 실선은 단층斷層의 방향과 종류를 알려 준다.

---

3)　코마티아이트komatiite: 마그네슘 함량이 높은 맨틀기원 화산암.

　　　　　　　　　　　　　　　　　베트남의 사금을 찾아서

엔바이Yên Bái 도폭에서 발견된 금광은 모두 열수기원이다. 도폭의 북서부에 위치한 금광은 전기 백악기의 응회질 역암, 응회질 실트암, 유문암질 응회암, 셰일 등으로 구성된 Trạm Tấu 층(희미한 하늘색)과 백악기의 반정질 조면암, 장석질 조면암의 Tú Lệ 복합체(분홍색)와 섬장암, 화강암질 섬장암, 알카리 화강암으로 구성된 Phu Sa Phìn 복합체(진한 분홍색)에서 형성되었다(그림 2-5).

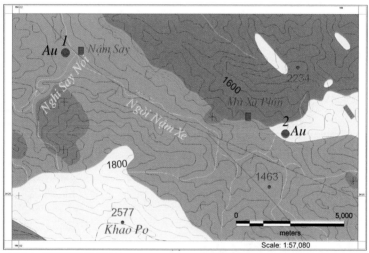

그림 2-5. 사금이 발견된 엔바이Yên Bái 1:200,000 지질도의 일부분
오렌지색 원Au이 사금이 발견된 곳이고 그 옆의 수자는 광산을 구분하는 번호다. 지질도의 색상은 암석을 나타내며 종류에 따라서 다른 색으로 칠해졌다. 적색 실선은 단층斷層의 방향과 종류를 알려 준다.

하-슨라Mường Kha - Sơn La 도폭의 북동부에 북서-남동 방향으로 발달한 지층에서 금광이 발견되었다. 이들 중에서 그림 2-6의 12번 Bản San, 13번 Bản Mé, 14번 Bản Kéo, 15번 Chiềng Mai이 사금 광산이다(그림 2-6). 그림에는 표시되지 않았지만 본 도폭 내의 Hua La도 사금 광산에 포함된다. 금광이 산출되는 지층은 신원생대의 Nậm Cô 층 하부의 견운모 규암, 편암, 천매암과 중부의 견운모 편암, 편암, 천매암, 상부의 견운모 편암, 석영 편암, 운모-석류석 편암(옅은 분홍색) 캠브리아오도비스기의 사문암, 감람암으로 구성된 Núi Nưa 복합체(남서방향 보라색 조각들), 역암, 석영-견운모 편암, 유기물을 많이 함유한 흑색 편암, 견운모 편암, 변질 휘록암, 석회질 천매암으로 구성된 Sông Mã 층(쑥색), 실트암이 협재된 규질 사암으로 구성된 Đông Sơn 층(진한 쑥색), 역암, 사암, 석회질 세일, 처트질 세일 석탄기의 Diệt-Si Phay 층(황갈색), 사질 실트암, 녹회색 세일, 이회암으로 구성된 트라이아스기의 Cò Nòi 층, Đớng Giao 층 하부의 얇은 세일층이 끼어 있는 석회암과 상부의 두꺼운 층으로 발달한 괴상 석회암(보라색)이다.

반옌Vạn Yên 도폭 내의 사금 광산은 Mu Lu가 유일하다. 그 외의 금광은 모두 열수기원 금광들이다. 금광이 산출되는 위치는 모두 트라이아스기의 Viên Nam 층(보라색)으로 이들은 현무암, 안산암질 현무암, 조면암, 응회질 사암, 실트암으로 구성되어 있다. 이들 지층 내에서 감람암, 조면암, 휘록암으로 구성된 Ba Vì 복합체(연두색)가 여러 곳에서 북동남서 방향의 암맥으로 발달했다(그림 2-7). 이보다 상위의 지층인 Suối Bé 층(하늘색)은 현무암, 장석질 현무암, 안산암질 현무암, 응회질 역암, 응회질 사암, 응회질 현무암으로 구성되어 있으며 북쪽에서 역단층으로 하위의 층과 경계를 이룬다.

베트남의 사금을 찾아서

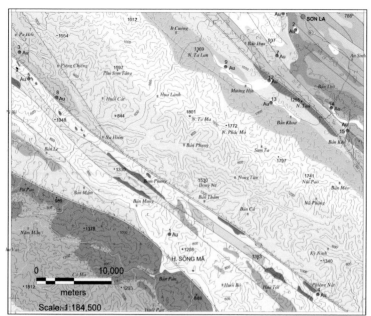

그림 2-6. 사금이 발견된 뭉하-슨라Mường Kha - Sơn La 1:200,000 지질도의 일부분
오렌지색 원Au이 사금이 발견된 곳이고 그 옆의 수자는 광산을 구분하는 번호다. 지질
도의 색상은 암석을 나타내며 종류에 따라서 다른 색으로 칠해졌다. 적색 실선은 단층斷
層의 방향과 종류를 알려 준다.

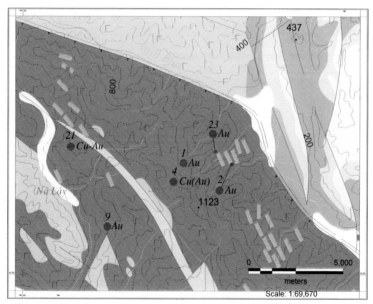

그림 2-7. 사금이 발견된 반옌Vạn Yên 1:200,000 지질도의 일부분
오렌지색 원Au이 사금이 발견된 곳이고 그 옆의 수자는 광산을 구분하는 번호다. 지질도
의 색상은 암석을 나타내며 종류에 따라서 다른 색으로 칠해졌다. 적색 실선은 단층斷層
의 방향과 종류를 알려 준다.

하노이Hà Nội는 베트남의 사금 탐사를 하기 위해 자료를 준비하고 일정을 예약하는 등 가장 오래 체류한 곳이다. 하노이 지질도 안의 지역에서 발견된 사금광상은 Xóm Mùn(Yen Quang 북쪽 2번 지점), Ca Môc(Dong Vang 동쪽 3번 지점), Nói Mực(Luong Son 남동쪽 11번 지점) 다섯 개 지역(그림 2-8)이며 이외의 Ngọc Thành, Xóm Xuân 금광은 모두 열수기원 광상이다. 금광이 발견되는 곳은 트라이아스기 최하위 지층인 Viên Nam 층(진한 보라색)과 그 위의 Tân Lạc 층(옅은 보라색)이다. Viên Nam 층은 폭발적으로 분출한 화산암인 응회질 역암, 반정질 조면암, 유문암, 반정질 석영 안산암과 화산 분화구를 넘쳐흐른 형태의 화산암인 반정질 현무암, 아몬드 형태의 현무암, 현무암질 응회암, 안산암질 현무암으로 구성되어 있다. 화산활동 이후에는 Ba Vì 복합체인 감람암, 반려암, 휘록암이 관입했다. 폭발적으로 분출하는 화산암은 실리카(SiO2) 성분이 많아서 밝은 백색을 띠는 반면에 폭발하지 않고 흘러넘치는 화산암은 알칼리 성분이 많아서 검은색을 띠는 특징으로 야외조사 시에 구분하면 편리하다. 이들 화산암의 상위에는 Tân Lạc 층이 쌓였고 역암, 사암, 보라색 응회질 실트암, 흑색 세일, 갈색/보라색 응회암으로 구성되어 있다. 이들 화산암층을 덮고 있는 제4기 퇴적층은 Hà Nội 층으로 역, 자갈, 어두운 황색 모래, 실트 등이다.

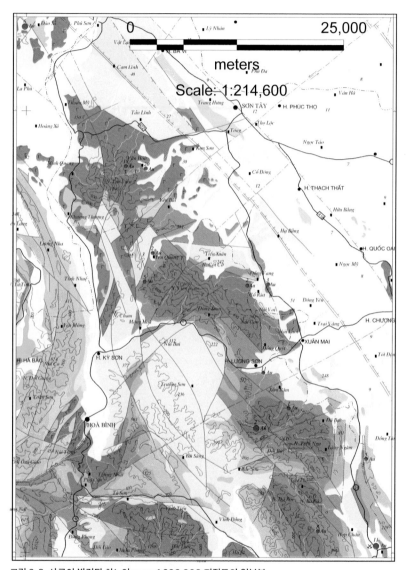

그림 2-8. 사금이 발견된 하노이Hà Nội **1:200,000 지질도의 일부분**
오렌지색 원Au이 사금이 발견된 곳이고 그 옆의 수자는 광산을 구분하는 번호다. 지질도의
색상은 암석을 나타내며 종류에 따라서 다른 색으로 칠해졌다. 적색 실선은 단층斷層의 방향
과 종류를 알려 준다.

닝빙Ninh Bình 도폭에서는 Mai Châu, Pu Bin, Phú Lễ, Nam Sơn, Làng Phìa, Nghèo Khó, Ban Công, Phú Nghiêm, Làng Man, Đầm Hồng, Xóm Đam, Kỳ Tân, Cẩm Quý, Làng Cốc, Làng Bạt 광산 등 다수의 사금 광산이 하천변에서 발견되었다(그림 2-9). 이들이 발견된 지층은 데본기의 사암, 처트질 셰일, 석회질 실트암, 박층의 재결정 석회암으로 구성된 NËm Pìa 층, 석탄기의 현무암, 반정질 현무암, 현무암질 응회암으로 구성된 Cẩm Thủy 층, 트라이아스기 최하위 지층으로 사암, 응회질 실트암, 셰일, 노듈 점토질 석회암으로 구성된 Cò Nòi 층으로 구성되어 있다. 트라이아스기의 Cò Nòi 층은 하노이 도폭에서는 같은 시기의 지층인 Viên Nam 층(진한 보라색)으로 변한다. Viên Nam 층은 폭발적으로 분출한 화산암인 응회질 역암, 반정질 조면암, 유문암, 반정질 석영안산암과 화산 분화구를 넘쳐 흐른 형태의 화산암인 반정질 현무암, 아몬드 형태의 현무암, 현무암질 응회암, 안산암질 현무암으로 구성되어 있다. 화산활동 이후에는 Ba Vì 복합체인 감람암, 반려암, 휘록암이 관입했다. 이들 화산암의 상위에는 Tân Lạc 층이 쌓였고 역암, 사암, 보라색 응회질 실트암, 흑색 셰일, 갈색/보라색 응회암으로 구성되어 있다. 이들 퇴적층들 내에는 북서남동 방향의 단층들이 많이 발달했다. 사금이 아닌 금광은 대부분 열수기원의 금광이나 본 도폭의 북서부에는 아주 드물게 풍화잔류 금광이 보고되었고 이곳에서는 철광석이 같이 산출된다.

　　　　　　　　　베트남의 사금을 찾아서

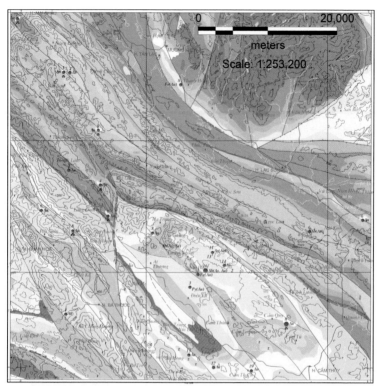

그림 2-9. 사금이 발견된 닝빙Ninh Bình 1:200,000 지질도의 일부분
오렌지색 원Au이 사금이 발견된 곳이고 그 옆의 수자는 광산을 구분하는 번호다. 지질도의 색상은 암석을 나타내며 종류에 따라서 다른 색으로 칠해졌다. 적색 실선은 단층斷層의 방향과 종류를 알려 준다.

북동 지역

베트남 북동 지역의 가장 북서쪽에 위치한 마콴(Mã Quan) 도폭에서는 Bình Vàng, Làng Mè, Cao Bồ, Làng Má, Việt Lâm 금광이 발견되었고 이 중에서 사금 광산으로 확인된 것은 Bình Vàng이다. 나머지 광산들은 비소, 주석 등의 광물과 함께 산출된다. 이 지역의 최하위 지층은 Sông Chảy Group에 속하는 캄브리아기 이전의 석영장석운모 편암, 규암, 대리석 지층이 발달한 편암(옅은 보라색)이며 이 위로 흑연을 함유한 대리석, 운모 편암(밝은 보라색)이 놓여 있다(그림 2-10). 이들 지층을 Sông Chảy 복합체Complex에 속하는 초기 데본기 세립중립질 흑운모 화강암(주황색)이 관입했다. 이들 접촉면을 따라서 변성작용이 있었으며 이 방향을 따라서 금광이 발달한 것으로 보아 접촉변성작용이 광상형성의 요인으로 추정된다.

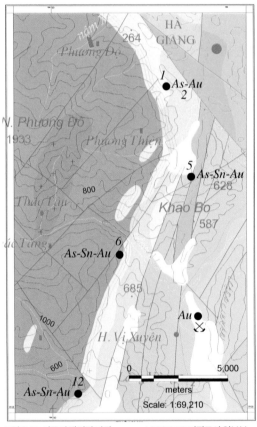

그림 2-10. 사금이 발견된 마콴Mã Quan 1:200,000 지질도의 일부분
검은색 원Au이 사금이 발견된 곳이고 그 옆의 수자는 광산을 구분하는 번호다. 지질도의 색상은 암석을 나타내며 종류에 따라서 다른 색으로 칠해졌다. 적색 실선은 단층斷層의 방향과 종류를 알려 준다.

베트남의 사금을 찾아서

박꾸앙Bắc Quang 도폭에서는 Khuổi Do, Bắc Quang, Suèi Châng, Bắc Xào, Đá Bàn, Tiên Kiều, Vĩnh Tuy, Làng Búa, Minh Lương 사금 광산이 있다. 이들은 주로 강이나 계곡에서 2~8m 두께로 제4기층을 구성하는 자갈, 모래, 점토층에 발달했다(그림 2-11). 이들 주변에는 Hà Giang 층에 속하는 캠브리아기의 사암, 석영-운모 편암, 흑색 편암, 규암, 석회암 등의 퇴적암(쑥색)이 분포하며 그 위로 석탄질 셰일, 처트 셰일 등이 분포한다. 이 위로는 Mia Lé 층에 속하는 데본기의 석영장석운모 편암, 석영견운모흑운모 편암, 규질 사암층(갈색)이 놓여 있고 이보다 상부에 층리가 발달된 석회암, 석영흑운모 규암이 놓여 있다.

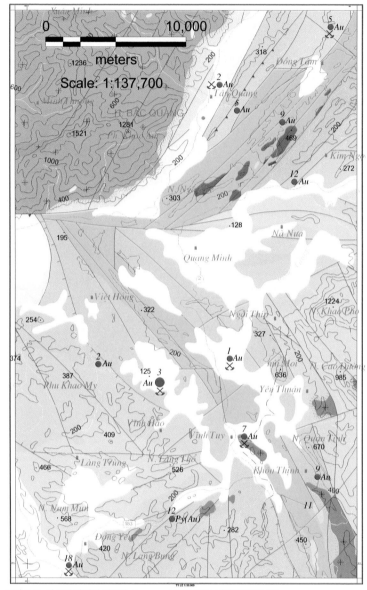

그림 2-11. 사금이 발견된 박꾸앙Bắc Quang 1:200,000 지질도의 일부분
오렌지색 원Au이 사금이 발견된 곳이고 그 옆의 수자는 광산을 구분하는 번호다. 지질도의 색상은 암석을 나타내며 종류에 따라서 다른 색으로 칠해졌다. 적색 실선은 단층斷層의 방향과 종류를 알려 준다.

박깐Bắc Kạn 도폭에서는 사금 광산이 많이 발견되었다. 지도의
북서에서 남동 방향으로 Pắc Nạm, Bình An, Nà Coòng,
Đông La Hiên, Tây La Hiên, Hà HIệu, Khuôn
Khương, Đầm Hồng, V̇ Muộn, Hòa Phú, Hòa Phú 광산
이 있다. 지질도(그림 2-12)에서 보듯이 이 지역은 데본기 퇴적암(갈
색)으로 주로 구성되어 있으며 트라이아스기 이전에 반려암, 휘록
암, 변질 휘록암(녹색)이 관입했다. 퇴적암은 가장 아래에 견운모질
세일, 점토암, 해백합 화석을 보이는 석회암 등으로 구성되었으며
그 위로 견운모석영 편암, 유문암, 석회암이 놓이고 처트질 세일과
점토질 석회암이 쌓였다. 그보다 더 위로는 사암, 석회암, 석회질
천매암phyllite이 놓여 있다. 관입암의 규모도 작고 퇴적암이 두껍
게 발달한 지역이기 때문에 금광의 성인이 퇴적암 내에 발달한 사
금인지 아니면 2차적으로 재퇴적되어 발달한 사금광상인지 확인
하는 것이 필요하다.

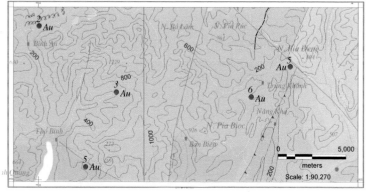

그림 2-12. 사금이 발견된 박깐Bắc Kạn 1:200,000 지질도의 일부분
오렌지색 원Au이 사금이 발견된 곳이고 그 옆의 수자는 광산을 구분하는 번호다. 지질
도의 색상은 암석을 나타내며 종류에 따라서 다른 색으로 칠해졌다. 적색 실선은 단층
斷層의 방향과 종류를 알려 준다.

찐시-롱탄Chinh si - Long tân 도폭의 남서부와 남부 지역에서는 퇴적기원의 사금광 Bảng Khẩu, Lương Thượng, Yên Lạc, Bản Công, Na Hang이 발견되었다. 그 외에는 열수광상 및 기원을 알 수 없는 금광들이 보고되었다. 이중에서 Na Rì 지역(그림 2-13)의 사금 매장량은 다른 지역에 비해 많다고 알려져 있다. 이 지역은 데본기의 세일, 석회질 세일, 석회암, 처트 등의 퇴적암(갈색)으로 구성되어 있다. 이들의 상부에는 반정질 유문암, 화산성 역암 및 사암, 세일, 렌즈상의 석회암 층(보라색)이 놓여 있고 그 위로는 사암, 실트암, 세일이 퇴적되었다.

중생대 산성화산암 지역인 랑손성 Bình Gia군 Nà Pài의 북서-남동 방향 단층 융기대에서 금광이 발견되었다. 이들은 남쪽으로 석회암, 점토질 석회암, 처트 석회암으로 구성된 Bắc Sơn 층과 경계를 이루며 금은 유문암질 산성화산암에 분포한다. 금광은 균열대를 따라 암맥 상태로 방사상 형태로 발달했다. 이들 금은 세립질이며 순도는 낮은 편이다. 성인적으로는 금석영황화물 형성으로 분류된다.

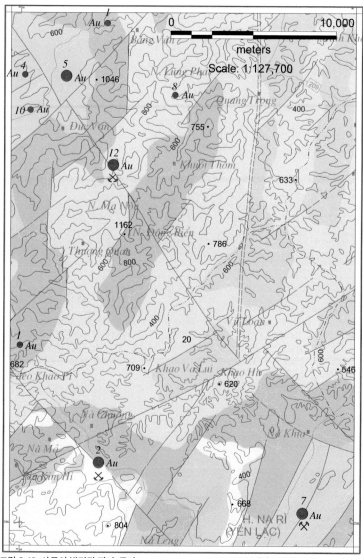

그림 2-13. 사금이 발견된 찐시-롱탄 Chinh si - Long tân **1:200,000 지질도의 일부분**
오렌지색 원Au이 사금이 발견된 곳이고 그 옆의 수자는 광산을 구분하는 번호다. 지
질도의 색상은 암석을 나타내며 종류에 따라서 다른 색으로 칠해졌다. 적색 실선은 단
층斷層의 방향과 종류를 알려 준다.

뛰엔꽝Tuyên Quang 도폭 내에서 발견된 금광은 모두 사금 광산이었고 그 외의 성인이 명확하지 않은 금광들도 보고되었다. 사금광산으로는 Đạo Viện, Khắc Kiệm, Vân Hán, Hoà Khê, La Bùng, Trại Cau - Hoan, Suối Găng, Thái Lạc, Đầm Ban, Đèo Nứa, Bản Long, La Lang이 발견되었다. 이들은 주로 지도의 남동 방향에 위치한다(그림 2-14). Thái Nguyên시 동쪽 지역은 하부로부터 캄브리아기의 석회질 세일을 협재한 실트질 사암(쑥색), 그 위로 실트암이 협재된 회색 점토질 세일, 얇게 발달한 사암층(밝은 쑥색)으로 구성되어 있다. 이 위로는 데본기 규질 사암, 세일이 협재된 석영견운모 사암(갈색)으로 구성되었다. 그 위로는 회색의 얇은 층으로 발달한 석회암과 처트질 석회암, 암회색 세일로 구성된 데본기 퇴적암(밝은 갈색)이다. 3번 국도 Phổ Yên 서쪽 지역 (그림 2-14)은 대부분 세일, 석회암, 사암, 실트암으로 구성된 트라이아스기 퇴적암층 내에서 사금광이 발견되었다.

베트남의 사금을 찾아서

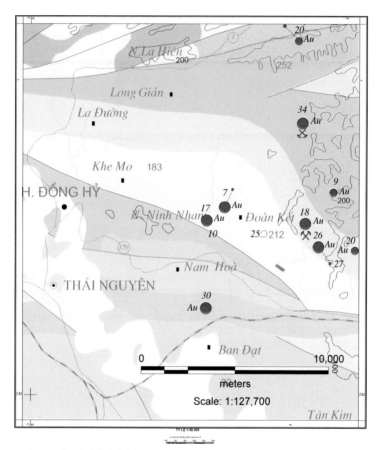

그림 2-14. 사금이 발견된 뛰엔꽝 Tuyên Quang **1:200,000 지질도의 일부분**
오렌지색 원Au이 사금이 발견된 곳이고 그 옆의 수자는 광산을 구분하는 번호다. 지질도의 색상은 암석을 나타내며 종류에 따라서 다른 색으로 칠해졌다. 적색 실선은 단층斷層의 방향과 종류를 알려 준다.

랑손Lạng Sơn 도폭에서 Lân Khuyến, Lân ảng, Làng
Nhâu, Lũng Mặt, Na Lương, Làng Đang, Làng Vai 사금
광산이 발견되었다. 그 외의 광산은 열수기원의 금광이다. 도폭의
서쪽에 위치한 금광은 캠브리아기의 규암, 규질 사암, 실트암, 셰일
로 구성된 Mỏ Đồng 층(쑥색)과 그 위의 셰일, 얇은 사암층들로
구성된 Thần Sa 층(밝은 쑥색)에서 발견되었다(그림 2-15). Mau
Son - Loc Binh 지역에서는 석영황금 타입의 금맥이 발견되었고
금의 함량이 높은 것으로 보고되었다.

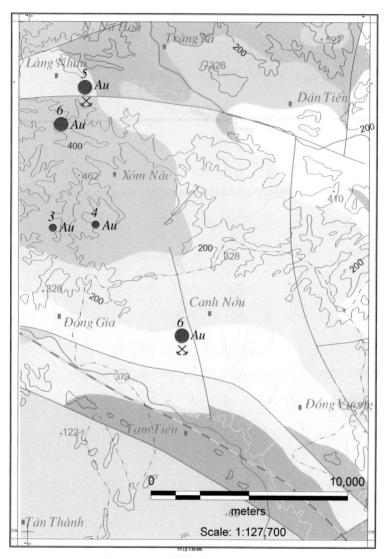

그림 2-15. 사금이 발견된 랑손Lạng Sơn **1:200,000 지질도의 일부분**
오렌지색 원Au이 사금이 발견된 곳이고 그 옆의 수자는 광산을 구분하는 번호다. 지질
도의 색상은 암석을 나타내며 종류에 따라서 다른 색으로 칠해졌다. 적색 실선은 단층
斷層의 방향과 종류를 알려 준다.

시엔쾅-쯩덩Xiêng khoảng-Tương dương 도폭에서만 유일하게 한 개의 사금 광산Yên Na이 발견되었다. 북부 중앙 해안 지역에는 여덟 개의 1:200,000 도폭에 해당하는 지역이지만 본 도폭 내에서만 세 개의 금광이 발견되었고 그중 2번에 해당하는 것이 사금 광산이다(그림 2-16). 1번과 3번은 열수기원의 금광이다. 금이 발견된 지층은 오도비스기실루리아기의 퇴적암 층(연두색)으로 지층명은 'Song Ca 층'으로 하부는 석영견운모 편암, 규암으로 구성되었으며 그 위로는 견운모 편암, 석영견운모 편암, 사암으로 구성되어 있다. 이들 지층을 트라이아스기의 화강섬록암 및 각섬석-운모 화강암이 관입했다(적색).

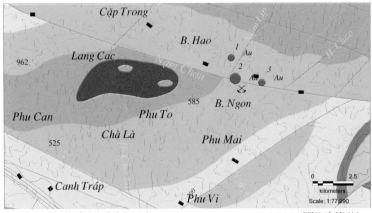

그림 2-16. 사금이 발견된 시엔쾅-쯩덩 Xiêng khoảng-Tương dương **1:200,000 지질도의 일부분** 오렌지색 원(Au)이 사금이 발견된 곳이고 그 옆의 수자는 광산을 구분하는 번호다. 지질도의 색상은 암석을 나타내며 종류에 따라서 다른 색으로 칠해졌다. 적색 실선은 단층斷層의 방향과 종류를 알려 준다.

베트남 중부 지역 사금을 찾아서

야외조사 일지

2월 20일, 다낭, 흐림.

다낭에서는 조사 지역이 넓어서 오토바이로 이동하기에는 무리가 있을 것으로 예상하고 차를 빌렸다. 한국 렌트카 업체를 예약해 두었는데 카톡으로 예약 업무가 진행되었다. 네이버 쇼핑에서 요금을 납부했지만 100㎞ 이내 9시간 범위 안에서 자유 이용이란 조건이라서 100㎞를 초과하는 부분에 대한 추가 요금을 국내 계좌로 납부해 달라는 연락이 왔다. 혼자서 렌트카 기사와 함께 깊은 산속을 다녀야 하니 안전이 걱정이 되어 미리 운전기사도 만나 보고 안전할지를 가늠해 보려고 추가 요금을 사무실에 직접 납부할 테니 렌트 회사 주소를 알려 달라고 했다. 그런데 담당자는 회사 주소는 알려 주지도 않고 안전하다고만 하며 추가 요금은 기사에게 주라고 한다. 이제 와 달리 방도가 없어서 믿어 보기로 했다.

2월 21일, 다낭, 흐림/비. 렌트카가 8시에 맞추어 도착했다. 그런데 작은 차가 아닌 15인승 정도 되는 단체용 렌트카였다. 어제 렌트카 회사에서 작은 차를 보내 주기로 했는데 어찌 된건가? 어쨌든 렌트카가 왔으니 다행이라 생각하고 이 큰 차를 혼자 타고 가는 것이 낭비란 생각이 들기도 했지만 다른 대안이 없어 기사 신분증을 사진을 찍어 보관하고 이슬비가 내리는 아침에 출발했다. 다행히 기사가 강도로 돌변할 얼굴은 아니었지만 계속해서 콜록거리면서도 마스크는 하지 않아 옆자리에 앉아 가기가 불편했다. 그래도 야외조사의 원활한 진행을 위해 옆자리에 앉아 필요한 말만 하면서 갔다. 기사 이름은 쯔억브엉이라는데 영어가 잘 안 되었지만 아주 기본적인 정지 출발 천천히는 가능했다. 첫 번째 바위에서는 습곡구조를 보이는 편마암이 관찰되었다.

사진 2-36. 원생대의 Kham Duc 층의 흑운모 편마암 노두와 조직texture
(위치 좌푯값: 15.894513N, 108.067446E)

베트남의 사금을 찾아서

이 지층은 각섬석 편암, 석영 흑운모 편암등이 특징적인 원생대의 Kham Duc 층이다. 베트남의 금광 주변에서는 이런 변성암 바위가 자주 관찰되기 때문에 좋은 징조로 보였다. 역시나 Vu Gia 강가에는 사금 선광기가 실려 있는 배가 가동을 멈추고 정박해 있었다. 사금이 잘 모일 수 있도록 강물이 흐르는 방향에 직각으로 발달한 지층들이 대부분이다. 이들 지층은 원생대의 Kham Duc 층으로 흑운모 편암, 복운모 편암, 흑연 앰피볼 편마암, 흑운모 편마암 등으로 이루어져 있다. 이 층의 두께는 2,800m에 이른다. Thanh Nhàn 폭포가 있었던 지점은 변성암 절벽이며 사금 광산이 있었던 곳이기도 하다. 이곳은 폭포 옆의 여러 개 검은색 굵은 플라스틱 파이프로 폭포 위의 물을 끌어오는 관으로, 지금은 휴게소와 인근 상점에서도 사용하고 관광객들을 위해 제공하는 데 사용하고 있다. 이곳에 있었던 사금 광산은 이렇듯 물이 풍부해 선광 작업이 매우 순조롭게 이루어졌을 것으로 추정된다. 여러 개의 플라스틱 주둥이에서 물이 나오고 있어 물맛을 보니 무미하지만 담백한 물맛이다. 하노이에서는 맛볼 수 없는, 숲과 정글이 우거진 폭포에서 얻어진 오염되지 않은 순수한 물맛이었다.

사진 2-37. Vu Gia 강가의 선박에 실린 사금 선광기(위치 좌푯값: 15.811596N, 107.89983E)

사진 2-38. 강물의 흐름에 직각으로 발달한 지층들
이러한 환경이 사금이 잘 집적될 수 있는 지질조건이다(위치 좌푯값: 15.560561N, 107.821713E).

　　　　　　　　　　　　　　　　　　　베트남의 사금을 찾아서

2월 22일, 다낭, 맑음.

오늘 아침에는 렌트카 기사가 바뀌었다. 어제보다는 작은 차를 가져오고 한국말도 할 줄 알아서 편하게 갈 수 있었다. 다낭에서 남쪽으로 향하는 고속도로를 따라 이동하니 첫 번째 나오는 큰 바위들은 퇴적암이었다. 경상계 퇴적암처럼 적색 이암과 회색 사암 등으로 구성된 바위들이 있는 곳에서는 금이 산출되지 않는다. 점차 남쪽으로 가면서 퇴적암은 백악기 Ba Na 화성암 복합체의 일부인 흑운모 화강암으로 바뀌었다. 광산 근처의 호숫가에서는 원생대의 녹색 편암과 변성암이 발견되기 시작했다.

사진 2-39. 백악기 Ba Na 화성암 복합체에 속하는 흑운모 화강암의 노두와 조직
(위치 좌푯값: 15.795181N, 108.247948E)

사진 2-40. 원생대 녹색 편암과 변성암 노두(위치 좌푯값: 15.481065N, 108.425771E)

이러한 녹색 변성암이 보이는 곳에서는 금이 발견될 가능성이 높다. 봉뮤 광산은 지리적으로 Phu Ninh 군에 있으며 Besra Gold Inc. 회사에 의해 운영되었었지만 세금으로 도산해 지금은 문을 닫았다. 여기서 서쪽으로는 베트남에서 처음으로 현대적인 시설이 설치된 프억선Phuoc Son 광산이 있다. 이렇게 큰 금 광산이 이곳에 밀집한 이유가 궁금해서 알아보려고 찾아가는 중이다. 봉뮤광산 북서쪽의 호수를 끼고 들어가는 길은 인적도 드물고 아름다운 경치가 마치 팔당댐으로 가는 양수리와 능내 사이의 강변 길처럼 아름다웠다. 이 광산은 규모가 매우 커서 인접한 동네는 이 광산 때문에 만들어진 것으로 보인다. 한국의 봉명 광산과 이름이 유사해서 유난히 친근한 느낌이 들었다. 봉명 광산에서는 석탄을 캐냈었는데 국내에서 겨울철 땔감으로 연탄을 사용할 때만 해도 이 지역의 상권이 봉명광산 덕분에 번창했던 기억이 난다. 구글맵으로 찾아가니 그 지점에는 아무것도 없어서 동네 사람들에게 물어물어 언덕 위에 있는 광산을 찾아갔다. 출입문이 굳게 닫혀 있었지만 외국인인 데다가 공적인 일로 온 것을 안 후에는 사장에게 전화로 물어본다고 하더니 들어가게 해 주었다. 광산 건물에 도착하니 많은 주민들이 마대 자루에 잡석덩어리의 흙들을 담고, 일부는 아예 건물 옆에서 도랑물을 이용해 작은 홈통을 거치해서 선광 작업을 하고 있었다.

사진 2-41. 광산 안에서의 불법 사금 채취 작업
간이 선광 작업에 사용한 체, 물통, 선광기가 보인다.

사진 2-42. 광산안의 금광 원석들을 훔쳐 가는 주민들(위치 좌푯값: 15.405818N, 108.411946E)

이 현장은 실제로는 광산의 재산을 도둑질을 하고 있는 모습이
었다. 도둑질을 하던 동네 사람들이 자신들의 죄를 감추기 위해
내 사진기를 빼앗거나 감금할 수도 있는 상황이었다. 사진을 찍으
려 하니 자리를 비킨다. 작업하던 많은 사람들이 내 카메라를 보
고는 도망가기 시작했다. 다행히 어린 친구가 용감하게 내게 다가
와 농담을 건넸고 그 모습을 보고는 주민들이 다시 마대 자루에
흙을 담아서 동네로 내려가는 작업을 계속했다. 나와 같이 갔던
렌트카 기사는 멀리서 걱정 어린 눈빛으로 쳐다본다. 나도 위험하
다는 것은 알지만 지금 담고 있는 기록들이 내겐 중요하다고 느껴
지니 위험을 감수할 수밖에 없었다. 여러 번 카메라를 피하는 사

베트남의 사금을 찾아서

람들 사이를 돌아다니면서 자신들을 해칠 의도가 없다는 것을 보여 주기 위해 이제는 멈춰 버린 광산 장비들도 촬영했다.

사진 2-43. 광산의 대형선광기 옆에서 흙을 퍼가는 주민 모습
이 흙을 가져다가 사금을 얻는다.

현관 관리자의 말로는 광산이 운영 중이라고 이야기했지만 그건 아니었다. 광산은 중지되었고 광산에 동네 주민들이 들어와서, 물론 광산이 운영 중이었던 예전에는 광산 직원들이었겠지만 지금은 광산을 도적질하는 것이었다. 실질적인 금 생산은 이루어지나 통계에는 잡힐 수 없는 불법적인 금 생산이 진행되는 것이다. 광산 장비들은 멈추었지만 인력으로 할 수 있는 규모로 광산이 도적질 당하는 셈이다. 외국기업들은 지금 베트남에서 금 생산을 중지한

상태다. 대기업이 대량 생산할 수 있는 시설을 두고도 문을 닫고 직원들이 회사의 재료들을 빼내어 소규모로 팔아먹는 상황이 되어 버린 것이다. 이 상황은 누가 초래한 것인가? 금광을 중지시키면 환경은 더 좋아질까? 광산에 널린 잡석들에서 금을 찾고 있는 주민들을 보고 있노라니 최근의 금값 인상이 이들을 불법으로 내몰고 있기도 하다. 잡석들은 주로 변성암 조각들이었고 커다란 잡석 중에는 석영맥이 잘 발달된 것들도 있었다.

사진 2-44. 금광의 원석들을 훔쳐가는 주민들

이런 돌에는 주민들이 달라붙어 조금씩 깨내어 가고 있었다. 돌아오는 길에 들른 다낭박물관에서 금광과 관련된 자료들은 찾을 수 없

베트남의 사금을 찾아서

었다. 단지 다낭의 지질에 대한 이해를 높일 수는 있었다. 호이안 박물관은 문이 닫혀 있었고 외국 사진작가가 베트남 소수민족에 대한 사진 기록을 전시한 사설 박물관만을 구경할 수 있었다. 그곳에서도 보석공예를 주로 했던 소수민족에 대한 기록은 찾을 수 없었다. 예나 지금이나 보석에 대한 문은 잘 열려 있지 않았다.

베트남에서 오토바이를 빼고는 할 수 있는 일이 많지 않다. 수일 전 뉴스에서 독일인 부부가 오토바이를 타고 여행하다 트럭에 부딪혀 즉사 했다고 한다. 수도 없이 보아 온 상황이 눈에 그려졌다. 오토바이 타고 조사 다니는 것은 이제 그만해야겠다. 해안가를 따라 숙소로 돌아오는 길에는 제4기 퇴적층들이 발달되었고 그 중 풍성사구층이 관찰되었다. 이런 곳에는 사금이 없다. 바람은 금을 움직일 만한 힘이 없기 때문이다.

사진 2-45. 호이안 남쪽 해안에 발달한 풍성사구
이러한 사구의 모래 속에는 사금이 전혀 없다(위치 좌푯값: 15.721931N, 108.454241E).

2월 23일, 다낭, 흐림.

오늘은 바니힐 서쪽의 금광을 찾아갔다. 다낭에서 서쪽으로 604번 도로를 따라가면 첫 번째 나타나는 바위는 하부 고생대의 변성암으로 추정되는 녹색편암이다. 이들 편암 내에는 석영맥이 발달해 금이 배태될 가능성이 높다.

사진 2-46. 하부 고생대의 변성암으로 추정되는 녹색편암과 석영암맥(접사 사진)
이러한 노두 부근에서 금광이 많이 발견되었다(위치 좌푯값: 15.989776N, 108.087238E).

이 길을 계속 따라가니 퇴적기원 변성암 바위들이 보인다. 이 동네이름은 Hoa Vang이었는데 금과 관련이 있는 것인가? 하천을 계속 따라가다 보면 둥근 돌들이 나타나면서 주변이 화강암으로 바뀌었다. 하천가의 온천은 대규모로 개발이 되어 있었다. 길가의 바위 사이사이에서는 봄이 오는 것을 알리는 들꽃들이 피어 있었다. 뱀브 항공사 사장은 기내에 배포되는 잡지에 이런 시를 인용했다. "모든 꽃송이를 꺾더라도 봄이 오는 것을 막을 수는 없다You can cut all the flower blossoms but you can't stop the arrival of spring." 아무리 규제해도 사금에 대한 베트남 사람들의 애정을 꺾지는 못할 것이다. 금이 발견되었던 곳 근처에서 현재 활동 중인 채광작업은 확인할 수 없었지만 하천의 일부에서는 철광 성분을 많이 포함한 성분들로 인해 붉게 변한 퇴적층들을 볼 수 있었고 금방이라도 사금이 쏟아질 듯한 노두들이 보였다.

사진 2-47. 산화철 색상으로 추정되는 철광의 증거(위치 좌푯값: 16.003141N, 107.902455E)

사진 2-48. 석영견운모 편암, 렌즈상의 대리석으로 구성된 캠브리아기 A Vuong 층 노두 및 조직 사진(위치 좌푯값: 15.983715N, 107.899618E)

> ## 조사 지역

다낭hương hóa - huế - đà nẵng 도폭 내에서는 사금 광산이 많이 발견되었다. 이들 광산의 이름은 Con Tom, Khe Doi, Nam Phố Cần, Bản Gôn, Tà Lang, Sông Vàng 등 이며 이외에 열수기원 금광도 다수 발견되었다. 그중에서도 14번 Bản Gôn 광산은 접촉교대변성 작용-skarn에 의해 금광이 형성된 곳이다(그림 2-17). 스카른 광화작용은 오도비스실루리아기의 사암, 규질 사암, 실트암, 석영안산암, 유문암으로 구성된 Long Dai 층(연두색)을 그 후

에 관입한 Ben Giang-Que Son 복합체(보라색)와의 접촉면에서 발
생했다. 이들 복합체는 흑운모 화강암 및 암맥상으로 발달한 반정
질 섬록암, 망간석류석, 세립질 화강암 등으로 구성되어 있다. 본
도폭의 서쪽에 발달한 북서남동 방향의 흑운모 화강암, 복운모 편
마상 화강암으로 구성된 Dai Loc 복합체(회적색)는 데본기에 형성
되었다. 그 후 트라이아스기에 도폭의 중앙부에 분포한 흑운모 화
강암 및 복운모 화강암으로 구성된 Hai Van 복합체(적색)가 관입
했다. 이 지역의 단층들은 북서남동 방향의 단층이외에도 여러 방
향의 단층들이 발달했으며 특히 충상단층thrust들이 남서, 남, 남
동 방향으로 발달했다.

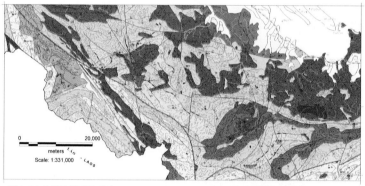

그림 2-17. 사금이 발견된 다낭hương hóa - huế - đà nẵng 1:200,000 지질도의 일부분
오렌지색 원Au이 사금이 발견된 곳이고 그 옆의 숫자는 광산을 구분하는 번호다. 지질
도의 색상은 암석을 나타내며 종류에 따라서 다른 색으로 칠해졌다. 적색 실선은 단층斷
層의 방향과 종류를 알려 준다.

바나bà nà 도폭 내에서 Trung Mang과 Đăk Sa(그림 2-18의 7번)
사금 광산이 발견되었다. 대부분의 금광은 원생대 지층 내에 분포

한다. 그림에서 밝은 갈색으로 표시된 부분들로 Kham Duc 층의 중간에 해당되며 흑운모 편암, 홍주석, 흑연, 대리석이 협재된 각섬석 편마암, 사장석투휘석 편암, 흑운모 편마암으로 구성되어 있다. 이 지층들은 데본기의 반정질 복운모 화강편마암 Dai Loc 복합체에(그림의 주황색) 의해 관입이 되었다.

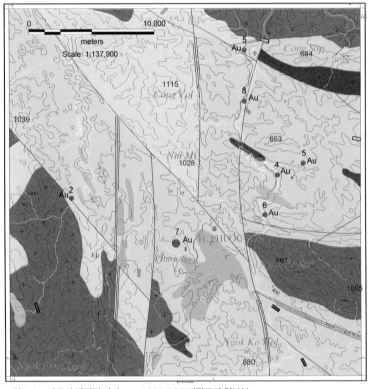

그림 2-18. 사금이 발견된 바나bà nà 1:200,000 지질도의 일부분
　　　오렌지색 원Au이 사금이 발견된 곳이고 그 옆의 수자는 광산을 구분하는 번호다. 지질도의 색상은 암석을 나타내며 종류에 따라서 다른 색으로 칠해졌다. 적색 실선은 단층斷層의 방향과 종류를 알려 준다.

　　　　　　　　　　　　　　　　베트남의 사금을 찾아서

호이안Hội An 도폭 내에서는 많은 금광이 발견되었으나 사금광의 비율은 비교적 적다. 발견된 사금광으로는 Xuân Bình, Bồng Miêu, Tiên An, Trà Dương 광산이 있다. 금이 발견되는 지층은 원생대의 Kham Duc 층의 중부와 상부 구간(그림에서 밝은 갈색으로 표시된 부분)에 해당되며 중부는 흑운모 편암, 홍주석, 흑연, 대리석이 협재된 각섬석 편마암, 사장석투휘석 편암, 흑운모 편마암으로 구성되어 있고 상부는 석영흑운모 편암, 흑운모 편마암이 협재된 각섬석 편암으로 구성되어 있다(그림 2-19). 이들 지층은 고생대 후기의 Ben Giang-Que Son 복합체(적색)에 해당하는 반려암질 섬록암, 각섬석흑운모 화강암과 트라이아스기 초기의 Hai Van 복합체(흐린 적색)에 해당하는 반정질 흑운모 화강암에 의해 관입되었다.

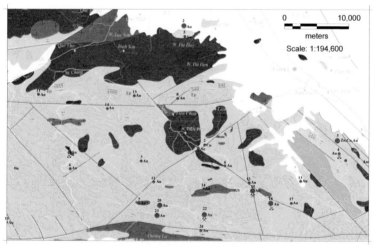

그림 2-19. 사금이 발견된 호이안Hội An 1:200,000 지질도의 일부분
오렌지색 원Au이 사금이 발견된 곳이고 그 옆의 수자는 광산을 구분하는 번호다. 지질도의 색상은 암석을 나타내며 종류에 따라서 다른 색으로 칠해졌다. 적색 실선은 단층斷層의 방향과 종류를 알려 준다.

베트남 남부 지역 사금을 찾아서

2월 17일, 맑음.

하노이 노이바이 공항으로 그랩 택시를 타고 갔다. 코로나바이러스로 대부분 마스크를 착용한 베트남 사람들이 많이 보였다. 간혹 외국인들이 보이기는 했지만 여행을 하는 것으로 보이지는 않는다. 베트남 남부 지역의 사금은 달랏, 냐짱 등에 걸쳐 분포하지만 달랏 인근에 가장 밀집해 있어 이곳부터 조사를 시작하려고 이동하기로 했다. 특히 이곳의 지명 중에는 'golden valley'가 있어서 어떻게 이런 이름이 붙었는지 궁금했다. 사금 광산을 찾아보기 위해서 가장 중요한 것은 이동 수단이었는데 달랏에서 오토바이 없이 효과적으로 야외조사를 할 수 있는 방법은 보이지 않았다. 그래서 도착하자마자 오토바이를 빌리려고 가장 이용 빈도가 많고 평가가 좋은 두 곳을 찾아 두었다. 그랩 택시를 이용하려고 장소를 저장하려고 하니 현재 이용 중인 서비스 지역이 아닌 경우 그랩 앱에서 검색이 안 되는 단점이 있었다. 하는 수 없이 달랏에 도착해서 오토바이 렌트샵을 검색해야겠다. 달랏 공항에 도착하니 공항로비의 커다란 버섯이 제일 먼저 반겨 준다. 산악 지대라서 버섯이 유명한가 보다. 공항에서 달랏 시내로 가는 길가에는 여러 광산들이 있는데 무엇을 캐는지는 알 수 없었다. 도로 주변의 바위들은 여러 종류의 암석들을 보여 주고 있었다. 숙소로 예약한 라비앙로즈 호텔은 버스 정류장에서 가까운 거리에 있었다. 공항 서틀버스는 시내 입구의 조금 큰 호텔에서 모든 승객을 내려 주었고 여기서부터는 그랩 택시 서비스가 가능해 택시를 타고 호텔로 왔다. 오토바이를 빌리려면 시내에 다녀와야 하는데 벌써 어두워지기 시작해 불안했다. 마침 호텔에서도 오토바이 렌탈이 가능하다고 해서 3일에 45만 동을 주고 예약했다. 내일 아침 7시에 받기로 하고 짐을 풀었다. 호텔은 깔끔하고 전망도 좋아 아주 맘에 들었다. 주변 골목도 하노이와는 다르게 깨끗하기도 하고 도시 주변에 소나무가 많아서 공기가 아주 상쾌했다. 높은 지역에 위치한 관광지라서 그런지 주거에 더할 나위 없이 좋은 조건이라 무척 기분이 좋아졌다. 저녁은 비행기에서 나눠 준 기내식을 아껴 가져온 것과 버스정류장 매점에서 사 온 고구마 말린 것으로 때웠다. 숙소, 오토바이, 저녁이 모두 순조롭게 해결되었다.

2월 18일, 흐림, 맑음.

새벽에 잠이 깨어 일찍 일어나 식당으로 내려갔다. 식사는 뷔페식으로 빵과 죽 야채 등이 준비되어 있었다. 식사를 하면서 점심때 먹을 것도 주머니에 넣었다. 6시 30분 식사 후, 방에서 가방을 챙겨 로비로 나오니 오토바이와 헬멧이 준비되어 있다고 한다. 엔진 소리가 조용한 것이 오래 사용하지 않은 것 같아 마음에 들었다. 호텔을 출발하자마자 버스 터미널 옆 주유소로 가니 경유만 주유한다고 한다. 어느 정도 연료가 있어서 일단 제일 크고 방문객이 많은 럼동Lâm Đồng 박물관으로 향했다. 호텔에서 멀지 않아 금새 도착했다. 표 파는 직원이 문을 열어 주어 첫 방문객으로 혼자서 구경했다. 이 박물관은 자연사와 고고학, 근세사까지 포함하는 내용을 담고 있었는데 내가 찾고자 하는 내용물이 조금 포함되어 있어서 만족했다. 입구에 들어서면 나무와 돌, 광물들이 전시되어 있는데 이곳에서의 광물 생산량은 상당한 규모였을 거란 짐작을 할 수가 있었다. 박물관에서 이 지역에 대한 대략적인 정보를 알고나서 가장 남쪽에 위치한 사금 광산으로 향했다. 도시를 오토바이로 골목골목 지나 다녀 보니 유럽풍의 정원과 건물들이 꽃으로 장식되어 아름다운 도시란 느낌이 절로 들었다. 유난히 눈에 자주 띄는 것은 소나무, 온실, 꽃, 정원 카페, 폭포 등이었다. 온실에서는 대부분 꽃을 재배하고 있었다. 이곳에서 과거에는 금이 많이 생산되었었다는 점도 기억할 만하다. 달랏 시내에서 남쪽으로 서너 시간 가량 내려가니 습곡구조, 편마암 혹은 변성암, 석영 암

베트남의 사금을 찾아서

맥 등, 금광 근처에서 보이는 특징들이 차례로 눈앞에 펼쳐진다. 오토바이를 길가에 세우고 잠시 휴식을 취하려고 하는데 강가의 은폐된 곳에서 사금을 채취하고 있는 현지인을 볼 수 있었다. 가까이 다가가면 도망갈지도 몰라서 멀리서 망원렌즈로 어렵게 사금 채취 작업을 사진에 담을 수 있었다. 사금 광산에 도착하니 선광기, 광산촌 가옥들, 하천에 설치되어 있었던 기둥 등의 흔적을 찾을 수 있었다.

2월 19일, 맑음.

어제보다는 조금 늦은 시간에 아침을 마치고 호텔 뷔페에서 바게트 빵에 계란프라이, 베이컨, 버터, 옥수수 알갱이를 넣어 냅킨으로 싸서 주머니에 넣고 바나나 두 개를 들고 나섰다. 점심 식사까지 준비했고 어제 빌린 오토바이도 있고 하니 든든했다. 첫 방문 지점은 관광지이기는 하지만 지명이 Golden Valley라고 되어 있고 소개 사진에 편암조각들이 널빤지처럼 층층이 놓여 있어 금광산이 아닌지 확인하기 위해 찾아갔다. 어제 코스와는 달리 시내를 지나서 북서쪽으로 가야 해서 중간에 특기할 만한 흥미 있는 지점은 없었다. 어렵게 도착했지만 지명이나 사진에서와는 달리 금과 관련된 것은 지명에 '금'이 포함된다는 것뿐이었다. 편암 조각들도 인공적으로 배열해 놓은 것이라서 금이 잘 모이는 형태와는 상관이 없는 것이었다. 먼 거리를 위험하게 온 노력이 아쉽지만 발길을 돌렸다. 다시 시내를 거쳐서 도시 남쪽의 공항으로 가는 길가의 금광으로 향했다. 프렌 폭포 북쪽에 위치한 금광은 주변 암석들의 상태는 양호하지만 차량이 진입할 만한 도로가 없어서 소규모로 운영된 것 같다. 이보다 조금 남쪽으로 내려오니 금광으로 진입하는 길도 양호하고 주변의 바위에서는 금이 있을 만한 석영 암맥이나 단층면의 미끄러짐이 관찰되는 금광이 있었으나 현재 운영하고 있지는 않았다. 이곳에서 서쪽으로 오사카 식당 가는 쪽으로 들어서면 길이 매우 좋고 교통량은 적어서 드라이브하기에 좋은 길이 있다. 길옆에서는 잘 보이지 않지만 언덕 위에 올라 내려다보니 커다란 광산이 보였다. 선광기와 건물이 있었고 마당에는 잡석들이 쌓여 있었다. 조금 더 산 위로 올라가니 골프장이 내려다 보였다. 광산과 골프장이 바로 붙어 있는 보기 드문 광경이었다. 골프장은 스위스 기업에서 운영하는 대규모 시설로 리조트도 같이 운영하고 있었다. 산 정상 부근에서 골프장을 내려다보면서 노란색 비닐봉지에 담긴, 아침 식사 때 준비해 둔 점심을 먹었다. 내 몽골이나 점심으로 준비한 음식은 거지같이 초라해 보이지만 골프장에서 라운딩하고 있는 사람들 못지않게 행복했다. 이렇게 멋진 풍경을 보면서 오토바이 라이딩을 한다는 것도 좋지만 원하는 것을 찾아가는 기쁨까지 더 할 수 있어서 좋았다. 한국에서 달랏까지 와서 골프치는 사람들만큼이나! 골프장을 돌아서 산넘어 뚜엔럼 Tuyền Lâm 호수로 가는 길은 차량도 드물었지만 경치도 좋고 소나무 사이로 불어오는 시원한 바람도 있어 환상적이었다. 호수가의 피니Pini 커피숍에는 구식 오토바이들로 실내와 입구를 장식해

베트남의 사금을 찾아서

두었는데 흥미로운 구경거리였다. 입구 옆의 녹슬은 오토바이는 쓸모는 없지만 장식용으로 세워둔 것이 내 나이만큼이나 녹슨 것 같아 씁쓸하기도 했지만 나름 앤틱스럽게도 느껴져 흑백사진을 보는 듯했다.

사진 2-49. 오토바이 골동품들을 전시한 호수가의 피니Pini 커피숍
(위치 좌푯값: 11.898871N, 108.437893E)

호텔로 돌아오는 길에 '크레이지 하우스'에 들렀다. 이 집은 말 그대로 '미친 집'이었다. 집 앞에는 입장을 기다리는 관광객들이 줄을 서서 기다리고 있었다. 그 뒤로는 이 집을 확장하는 공사가 진행되고 있었다. 이 집을 지은 사람은 Dang Viet Nga 박사다. 그녀는 모스크바에서 건축학 박사를 취득하고 귀국해 정부의 공무원으로

일하다 달랏으로 이사해 자연과 동물과 환경이 공존하는 집을 지은 것이 바로 이 집이었다.

사진 2-50. Dang Viet Nga 박사의 '크레이지 하우스' 입구

창의성과 미침·열광·정신이상은 아주 비슷한 것이지만 사람들의 평가는 정반대이니 모순투성이의 세상이다. 입장을 기다리는 많은 관광객들이 러시아어를 하는 것은 그녀가 러시아에서 건축학 박사를 해서인가? 아니면 러시아 사람들이 창의적인 것을 좋아해서일까? 궁금하기도 했지만 사금을 찾아 여기까지 와서 '미친 집'을 보고 가는 나는 무엇이 그리 궁금해서 여기를 들렀을까? 지금도 알 수 없지만 이상하게 끌려서 들른 것은 확실하다.

미친 집으로 가는 거리에는 어린 소녀 셋이서 보잘것없는 것을 팔고 있었는데 돌아오는 길에도 같은 자리에 앉아 있었다. 팔려고 갖고 나온 물건은 그대로 있었고, 주머니에 있던 잔돈 몇천 동을 소녀들의 자존심이 상하지 않게 사진값이라고 쥐여 주고 돌아섰다.

사진 2-51. 소녀들의 비즈니스

2월 20일, 달랏, 맑음.

오늘은 오후에 다낭으로 출발하는 날이라 호텔 체크아웃을 하고 일찍 짐을 꾸려 로비에 맡겨 놓으려다, 12시까지 체크아웃이 가능하다는 말에 짐을 방에 두고, 11시까지 돌아오는 계획으로 나섰다. 오늘도 오토바이를 타고 돌아다니므로 돌아와서 샤워를 하고 가면 좋겠다고 생각한 것이었는데 야외조사 후, 말끔한 기분으로 공항으로 오면서 실제로 매우 잘했다는 생각이 들었다. 오전에 시간적인 여유가 많지 않아 멀리는 갈 수 없기 때문에 호텔에서 멀지 않은 시추 지점으로 출발했다. 산으로 오르는 길에는 전설에 나오는 여신상을 볼 수 있었다. 이 동상이 있는 주변은 관리가 잘되어 있었다. 이 동상에서 베트남의 신화를 이해하는 계기가 되었다. 용과 요정의 자식들이라고 생각하는 베트남 사람들의 신화에 대한 생각은 우리의 단군신화에 대비된다. 신화에 의하면 오래전에 구 베트남 지역에 물위를 걷는 마술사 왕이 있었다. 어느 날 호수에서 용왕의 딸을 만났고 그녀와 결혼해서 낳은 아들이 락롱꾸언 Lạc Long Quân이었다. 여기서 Lạc은 베트남을 의미한다고 하니 '베트남 용왕Dragon King of the Lạc'으로 해석된다. 이 왕은 남해에서 물고기 괴물을 죽이고 동굴에서 꼬리가 9개인 여우를 죽였다고 하는데 이 동굴은 지금의 서호(하노이)가 되었고 물고기 괴물의 꼬리는 하롱베이의 섬이 되었다고 한다. 북쪽의 부족이 쳐들어왔을 때 족장의 딸을 부인으로 삼았는데 그녀가 어우꺼Âu Cơ였고 그녀가 가져온 100개의 알이 7일 만에 부화해 100명의 자식이 생겼다고 한다. 락롱꾸언은 부인에게 나는 바다에 사는 용이고 당신은 산의 요정이니 우리는 서로 이별해야 한다고 해서 부인은 50명의 아들을 데리고 고산지대로 가고 나머지 50명은 왕과 함께 저지대에서 살았다. 그중에서 맏아들이 왕위를 이어받고 홍방Hồng Bàng 왕조를 세웠다. 사진에서 보듯이 동상의 아래에는 커다란 알들이

베트남의 사금을 찾아서

놓여 있어서 신화의 이야기를 표현하지만 배경화면에 뜬금없이 미국 성조기를 알들 위에다 올려놓은 것은 무엇을 의미 하는지 도무지 이해할 수 없었다.

사진 2-52. 베트남 신화에 등장하는 Âu Cơ 요정의 모습과 100개의 알
(위치 좌푯값: 11.924971N, 108.442595E)

좌푯값을 갖고 있었지만 산속에서 시추 지점을 찾아가는 것은 쉽지 않았다. 좌표 지점 부근을 동서남북으로 돌아보아도 시추 지점을 찾을 수는 없었다. 하는 수 없이 산속 능선을 따라서 작은 오솔길을 따라 남쪽의 대로까지 내려가 보았다. 마지막으로 대로에 접어들려 하자 산기슭과 대로 사이에 절벽이 있어 조금 내려가 보다 다칠 것 같아서 다시 돌아와야 했다. 능선에는 소나무로 가득해 맑은 공기를 마시면서 하노이에서 오염된 폐를 정화시켰다. 아무 성과 없이 호텔로 돌아가려니 시간이 남아서 Cẩm Lý 폭포로 향했다. 큰 길가에 위치한 이곳은 전형적인 관광지의 모습을 보여 주었다. 말이 끄는 마차가 폭포 옆에 있고 관광객들을 위한 노점, 매점, 호객꾼들이 입구에서 입장객들을 기다리고 있었다. 이 폭포는 사진에서 멋있게 보이던 것과는 달리 달랏 시내의 오수가 내려오는 하천에 자리를 잡아 온갖 쓰레기와 오물로 덮여 있어 폭포수 밑에서 떠오르는 거품과 쓰레기는 숨쉬기도 불편할 정도로 악취를 풍기고 있었다. 폭포가 형성된 바위는 Ca Na 화강암 복합체의 복운모 화강암으로 완만한 경사를 이루고 있었다. 폭포 밑의 물을 담아 두는 정원들은 정화조로서의 기능을 하고 있었다. 관광지라 기보다는 수질정화장을 방문한 느낌으로 돌아왔다.

달랏에서 그랩 택시를 이용할 기회가 있었는데 운전기사와 몇 번 옥신각신하는 어처구니없는 상황이 있었다. 인터넷으로 달랏에서 그랩 택시 서비스가 오픈되었다는 소식을 접하고 하노이에서처럼 카드로 요금이 지불되는 줄 알고 사용했는데, 기사가 현금을 달

베트남의 사금을 찾아서

사진 2-53. Ca Na 화강암 복합체의 복운모 화강암에 만들어진 Cẩm Lý 폭포
(위치 좌푯값: 11.941643N, 108.420185E)
화강암의 나이는 백악기에서 고제3기로 추정된다.

라고 했다. 그래서 앱을 확인하니 영수증이 도착했기에 나는 요금
이 지불된 것으로 알았다. 영수증이 도착한 것을 확인하고 요금을
못 주겠다고 하니 답답해 죽겠다는 표정이다. 길거리에서 오래 지
체할 수도 없고 요금도 얼마 안 되어 요금을 두 번 준다는 심정으
로 계산하고 왔다. 그런데 다음번 그랩 기사도 마찬가지였다. 자세
히 영수증을 확인해 보니 현금이란 표시가 있었다. 달랏은 아직
카드 지급 시스템이 작동하지 않나 보다. 상식적으로 그랩 서비스
가 오픈되었는데 결제는 현금으로 한다는 것이 이해가 되지 않지
만 2020년 봄의 이곳 현실이다. 공항으로 출발하는 셔틀버스에 4

만 동을 주고 타면서 새삼 느끼는 팁의 적정한 액수는 셔틀버스 가격인 4만 동이 적정하다는 생각을 다시금 하게 된다. 호텔 방 베 개 밑에 두고 온 4만 동의 가치를 느끼면서.

조사 지역

부언마투엇Buôn Ma thuột 도폭 내에서는 Ea Riêng(그림 남쪽의 3번), Mse Bếch(그림 남쪽의 5번) 두 개의 사금 광산이 발견되었다. 이들은 제4기 충적층에 발달했고 그 주변의 지층들은 Bến Giảng-Quế Sơn 복합체(그림의 보라색)에 해당하는 고생대 후기의 반려암질 섬록암, 각섬석흑운모 화강암과 백악기의 Deo Ca 복합 체(적색)에 해당하는 세립질 흑운모 화강암이다. 이들 지층 사이로 신제3기 Đại Nga 화산암층(회색)인 소레아이트질 현무암과 감람 암질 현무암이 분출했다(그림 2-20).

이들 사금 광산의 북쪽 지역에서 발견되는 금광들은 대부분 열 수기원의 금광이며 그림에서 보여지듯이 암맥으로 표시되는 Phan Rang 복합체(적색 막대 모양)는 반정질 화강암, 반정질 유문암, 화강 섬장암으로 구성되어 있다. Cù Mông 복합체(녹색 막대 모양)는 반 려암질 휘록암, 휘록암 암맥으로 구성되었다.

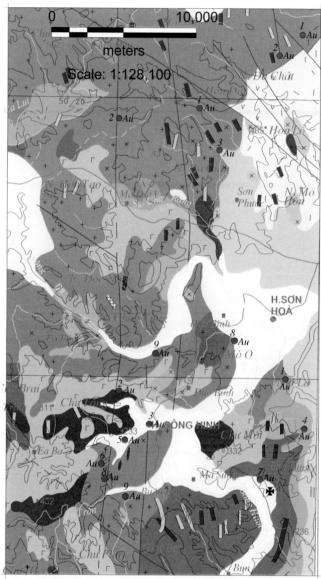

그림 2-20. 사금이 발견된 부언마투엇Buôn Ma thuột 1:200,000 지질도의 일부분
오렌지색 원Au이 사금이 발견된 곳이고 그 옆의 수자는 광산을 구분하는
번호다. 지질도의 색상은 암석을 나타내며 종류에 따라서 다른 색으로 칠
해졌다. 적색 실선은 단층斷層의 방향과 종류를 알려 준다.

뚜이호아TUY HOà 도폭에서는 TN. Núi Lỗ Hùm 단 한 개의 사금 광산이 발견되었다(4번). 하늘색으로 표시된 전기 쥬라기 Đray Linh 층은 석회질 실트암, 층이진 이회암, 석회암등으로 구성되었다(그림 2-21). 핑크색으로 표시된 후기 쥬라기 Định Quán 복합체는 흑운모 각섬석 화강섬록암과 흑운모 각섬석 화강암으로 구성되었다. 연두색으로 표시된 전기 백악기 Nha Trang 층은 유문암, 석영안산암, 안산암, 응회암 등으로 구성되었다. 고제3기의 암맥들은 남북 방향으로 발달했고 Phan Rang 복합체는(적색 막대) 반정질 화강암, 반정질 화강조면암 등으로 구성되어 있으며 Cù Mông 복합체는(연두색 막대) 휘록반려암, 휘록암, 반정질 섬록암 암맥으로 구성되었다. 본 지역에서의 특징처럼 퇴적암이 분포하는 지역에는 금광이 발달하기 어렵다는 것을 알 수 있다. 하천에 발달한 TN. Núi Lỗ Hùm 사금광은 후기 쥬라기의 화성암류로부터 사금이 유래된 것으로 추정된다.

베트남의 사금을 찾아서

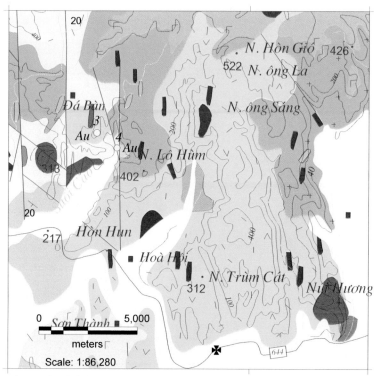

그림 2-21. 사금이 발견된 뚜이호아TUY HOà **1:200,000 지질도의 일부분**
노란색 원Au이 사금이 발견된 곳이고 그 옆의 수자는 광산을 구분하는 번호다. 지질도
의 색상은 암석을 나타내며 종류에 따라서 다른 색으로 칠해졌다. 적색 실선은 단층斷層
의 방향과 종류를 알려 준다.

벤케bến khế 도폭에서 Krông Pach, Đa Rđo, Đa Chay 세
개의 사금 광산이 발견되었다. 그림의 3번이 Krông Pach 사금
광산이며 1번은 열수기원의 금광이다. 짙은 하늘색으로 표시된 영
역이 쥬라기 초기의 Đray Linh 층이며 석회질 사암, 석회질 결핵
체를 포함한 실트암 등으로 구성되어 있다. 그 후에 퇴적된 지층이
밝은 하늘색으로 표시된 La Ngá 층으로 사암, 실트암, 세일 및 접

촉변성암의 일종인 혼휄스로 구성되어 있다. 이 지층에서 사금광이 발견되었다. 이들 퇴적층이 쌓인 후, 백악기의 Đèo Cả 화성암 복합체가 뚫고 올라오는데 먼저 뚫고 올라온 것이 핑크색으로 표시된 중립조립질 흑운모 화강암이다. 이후에 이 화강암의 바로 중심부를 또 다른 화강암이 뚫고 올라온다. 이것이 적색으로 표시된 세립질 흑운모 화강암이다(그림 2-22).

열수기원의 금광은 그림의 북쪽에 위치한 하늘색의 퇴적층들이 형성된 후, 밝은 핑크색의 Định Quán 화성암 복합체가 쥬라기 후기에 뚫고 올라왔으며 이들은 중립질의 각섬석 흑운모 화강섬록암으로 이루어져 있으며 일부 지역에서는 휘석 성분으로 구성되었다.

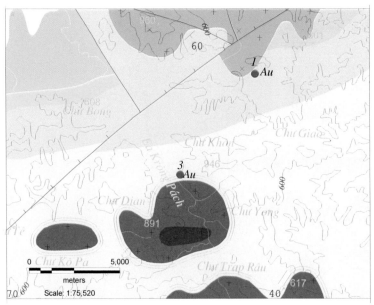

그림 2-22. 사금이 발견된 벤케|bến khê 1:200,000 지질도의 일부분
오렌지색 원Au이 사금이 발견된 곳이고 그 옆의 수자는 광산을 구분하는 번호다. 지질도의 색상은 암석을 나타내며 종류에 따라서 다른 색으로 칠해졌다. 적색 실선은 단층斷層의 방향과 종류를 알려 준다.

베트남의 사금을 찾아서

달랏đà lạt - cam ranh 도폭 내의 노란색 원으로 표시된 금 광산은 그림에서 보듯이 다른 지역에 비해 많지만 대부분 열수기원의 금광이다. 유일하게 사금 광산으로 알려진 곳은 Trà Năng 광산이었다. 사금이 발견된 곳의 지층은 La Nga 층으로 사암, 실트암, 셰일, 혼휄스로 구성되어 있다(그림 2-23).

열수기원 금광이 많이 발견되는 그림 동쪽의 핑크색 지층은 쥬라기 후기의 Dinh Quan 화성암 복합체는 중립질 흑운모 각섬석 화강섬록암이다. 달랏시 남쪽의 연두색 지층에서도 금광이 많이 발견되었는데 이들은 백악기고제3기의 Don Duong 층으로서 석영안산암, 유문암, 규장안, 안산암, 응회암, 화산성퇴적물로 구성되어 있다. 달랏시 주변의 오렌지색 지역에서도 금광이 많이 발견되었는데 이들 지역은 백악기-고제3기의 Ca Na 화성암 복합체로서 복운모 화강암, 중립-조립 반정질 알래스카이트 화강암, 세립질[4] 우백색 화강암 등으로 구성되어 있다.

---

4) 세립질: 세립細粒, 즉 작은 입자를 나타내는 상대적인 표현 단어로 생각되지만 퇴적학에서 모래와 실트를 나타낼 때는 절대적인 수치를 나타내는 말로 모래의 경우는 0.25~0.125㎜ 사이의 입자를 세립질 모래라 하며 실트일 때는 0.0156~0.0078㎜사이의 입자를 세립질 실트라고한다.

그림 2-23. 사금이 발견된 달랏dà lạt - cam ranh **1:200,000 지질도의 일부분**
노란색 원Au이 사금이 발견된 곳이고 그 옆의 수자는 광산을 구분하는 번호다. 지질도
의 색상은 암석을 나타내며 종류에 따라서 다른 색으로 칠해졌다. 적색 실선은 단층斷
層의 방향과 종류를 알려 준다.

베트남의 사금을 찾아서

제3장

<u>사금에 대한 정보들</u>

사금 채취 장비

사금을 채취하는 데 특별한 장비를 구입할 필요는 없다. 삽, 큰 접시, 밥사발, 쇠막대 정도면 충분하다. 필자가 섬진강에서 대안학교 학생들과 함께 사금 채취 수업을 할 때에는 돋보기, 삽, 패닝접시, 세밀화용 붓, 보관 용기(투명 플라스틱 통/작은 유리병), 자석, 기름종이가 준비물의 전부였다. 대규모로 채취하려면 세광기, 선광기, 준설기, 금속탐지기, 분석장비 등이 더 필요하다. 세광기는 퇴적물로부터 가벼운 광물들을 흐르는 물로 씻어 내는 데 사용된다. 이것은 만드는 재료의 크기나 재질에 상관없지만 대부분 하천 주변에 널려 있는 나무를 이용해 만든다. 대규모로 채취하는 곳에서는 금속으로 만들기도 하고 퇴적물을 넣어 주는 입구를 달기도 한다. 선광기는 세광기의 변형된 형태로 세광기에 비해 물을 적게 사용하고 기계적인 운동에 의해 광물들을 선별함으로 물을 구하기 어려운 장소에서 주로 사용한다.

패닝panning에 대해서

　사금을 모으는 방법인 패닝panning은 고대 이집트의 피라미드 시대부터 계속되어 왔다. 팬pan은 집에서 음식을 만드는 데 사용하는 '프라이팬'과 같이 둥근 접시를 의미하며 사금을 채취하기 위해 오래전부터 사용된 도구다. 팬의 직경이 큰 것은 하천에서 바로 퍼 온 흙을 분리할 때 사용하는 반면에 작은 것은 큰 팬으로 일차적으로 분리해 둔 중사가 섞인 퇴적물로부터 금가루를 마지막으로 모을 때 사용한다. 팬의 재질은 가벼운 플라스틱이나 나무가 좋지만 철이나 스텐레스로 만들어진 것도 있다. 이 팬의 가장자리에 작은 홈이 계단식으로 나 있고 바닥이 패인 형태가 채취 작업에 효과적이기는 하나 이런 사치스러운 것들은 북미나 호주에서 사용하며 베트남에서 파는 팬에는 이런 홈들이 없다.

　패닝 작업을 연습하려고 하면 낚시에 사용하는 작은 납덩이를 퇴적물과 섞어서 이들을 분리해 보면 된다. 납은 금보다 가볍기 때문에 납을 완전히 분리해 낼 수 있으면 사금 입자를 충분히 분리할 수 있다. 패닝 작업에 익숙해지면 접시에 가득 담긴 시료들 중에서 중사 및 사금을 분리하는 데 5분이면 충분하다.

패닝(사금 입자를 고르는) 절차를 정리하면 다음과 같다.

1. 물의 유속이 빠르지 않은 곳을 선택해 팬 안에 절반가량의 퇴적물을 채우고 팬을 물속에 잠근다.

2. 퇴적물에 점토질이 많이 섞여 있거나 입자들 사이의 시멘트 물질에 의해 입자들이 서로 붙어 있으면 이들을 문질러서 분리시킨다.

3. 수면 바로 아래에서 팬을 원형으로 휘저어 가벼운 입자들을 팬의 가장자리 밖으로 분리시킨다.

4. 팬을 들어 앞뒤로 기울여 금이 바닥에 가라앉게 한다.

5. 가장 위에 놓인 자갈이나 덩어리들을 집어낸다.

6. 팬에 물을 약간 담은 상태로 앞뒤로 흔든다.

7. 팬을 기울여 하천의 유수가 팬 안에 있는 퇴적물들을 씻도록 하고 퇴적물들이 팬의 앞쪽으로 나오도록 한다.

8. 중사가 관찰되면 바닥에 중사와 금이 가라앉도록 팬을 앞뒤로 흔들어 준다.

9. 팬 안에 소량의 물을 넣고 들어 올려 중사위로 흐르게 한다.

10. 중사 내에 금이 있으면 중사가 팬내의 한구석으로 모임에 따라 이를 확인할 수 있다.

금속으로 만들어진 패닝접시는 큰 것은 0.7~0.9kg 정도로 무겁고, 가장 윗부분의 직경이 46cm이고 바닥의 직경이 25cm이며, 이 사이의 경사각이 30도를 이룬다. 깊이는 8cm이고 이 안에 한 삽 이상(약 8~9kg)의 퇴적물을 담을 수 있다. 작은 패닝접시는 주로 한 번 걸러진 중사시료에서 사금을 분리하는 데 이용이 되며 여기에는 1.4~2.3kg의 퇴적물이 담긴다. 일부 원주민들은 팬(금고르는 접시) 대신에 바티아batea를 사용하는데 이것은 베트남 삿갓모자nón lá를 닮았고 직경은 38~76cm에 두께가 1.6cm인 나무로 만들어졌다 (그림 3-1). 숙련된 사람은 하루에 2.4~3.6㎡의 퇴적물로부터 사금을 선별할 수 있다. 숙련된 사람은 바티아를 사용하는 것이 팬을 사용하는 것에 비해 능률적이다. 퍽선 지역에서 만난 주민들도 이 바티아를 사용하고 있었다. 잠간 지켜보고 있는 사이에 수십 번의 삽질로 얻어진 흙을 분리하는 데 10분도 걸리지 않았다.

팬을 다루는 데 익숙한 사금 채취자는 한 시간에 약 여섯 번을 분리해 낸다. 한 번 분리한다는 의미는 패닝을 하는 동안에 여러 번 흙을 담은 후에 완전히 분리하는 것을 말한다. 빨리 많은 양을 처리하기 위해서는 중사까지만 분리하고 한 곳에 모아 둔 후, 중사와 사금의 분리는 나중에 하는 것이 빠르다. 이런 방식으로 하면 한 시간에 열 번 이상 할 수 있다. 점토나 덩어리들이 적은 사질 퇴적물을 다룰 때는 이보다 빠를 수 있다. 하지만 점토질이 많이 섞여 있으면 패닝 속도가 현저히 줄어든다. 조건이 가장 좋을 때에 하루에 할 수 있는 패닝의 양은 0.76㎡가 최대다. 이 정도의 부피는 무게로는 1.5톤이며 189번의 패닝이 필요하다. 이렇듯 패닝은 처리할 수 있는 용량이 적어서 이 방법에 의한 사금의 채취는 사업

적으로는 중요하지 않지만 기계장치에 의해 집적된 입자들을 처리
하기 위한 마지막 처리 단계에서 사용하거나 탐사 시에 유용한 채
취 방법이다.

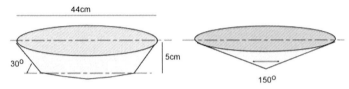

그림 3-1. 사금 채취용 접시pan와 바티아batea(California Journal of Mines and Geology, 1932)

흑색모래(중사)와 금 입자의 분리는 패닝 방법 외에도 자석과 풀
무를 이용해 분리할 수도 있다. 전기자석이 아닌 영구자석을 사용
할 때는 자석의 접촉면에 비닐을 덮어서 이용하면 자석을 멀리할
때 모래가 잘 떨어져서 편리하다. 모래와 금가루를 상자에 넣어 편
평하게 깔아 놓은 후, 상자를 두드리면서 까불리면 깨끗하게 금가
루와 모래를 분리할 수 있다. 전기자석을 이용할 때는 자성의 강도
를 잘 조정해야 분리가 용이하다.

베트남의 사금을 찾아서

사금 채취, 혼자서 해 봐요!

 국내에서 사금 채취는 물론, 사금의 이동, 운반, 퇴적 및 탐사방법을 배울 수 있는 기회는 매우 드물다. 필자가 2014년 여름, 섬진강에서 지리산 대안학교 학생들을 대상으로 '섬진강에서 사금을 찾아라' 프로그램을 진행할 때도 전국에서 유일했었다. 따라서 책이나 인터넷을 통해 독학할 수밖에 없지만 외국의 경우 관광 회사에서 마련한 레크레이션 성격의 사금 채취 코스나 1주간의 코스로 이루어진 사금 채취 학교를 통해서 기술을 습득할 수 도 있다. 이러한 학교는 주로 야간에 수업이 이루어지며 마지막 날에는 야외 실습을 한다. 캐나다의 벤쿠버에 있는 사금광 학교는 사금광상의 이론, 사금광의 지질, 사금광 탐사, 사금채광법, 사금 채취 방법들을 배워서 하루는 실습으로 구성되어 있다. 사금광을 찾는 데 깊은 지식이나 광물감정을 해야 할 필요는 없다. 하지만 금과 황철석을 구분하고 사금광이 어떻게 형성되는가, 어떠한 종류들이 있는가, 그리고 어디로부터 이동해 왔는가 정도는 알아 두면 도움이 된다. 사금과 같이 모래 속에 묻혀 있는 준보석 광물들도 관심이 있으면 돋보기와 세밀화용 붓, 자석, 기름종이를 준비하면 도움이 된다. 강변 모래사장에서 빨간색 루비나 파란색 사파이어 광물을 보는 순간, 교실에서도 통제가 잘 안되어 산만했던 아이들의 눈망울이 반짝반짝 빛나는 것을 발견했었다.

사진 3-1. 2014년 여름, 지리산 대안학교 학생을 대상으로 섬진강 모래사장에서 사금 채취 수업

베트남의 사금을 찾아서

강 의 계 획 서

강좌명	섬진강에서 사금을 찾아라		강사명	권영인
강의기간	2014 하반기	강의시간	요일: 월~금요일	시간:180분

강 의 소 개

섬진강의 모래 속에 묻혀있는 여러 가지 광물과 준보석들을 채취해 보면서 나만의 보물을 찾아 활용하는 기회를 가져본다. 또한 강의 형태와 주변 암석을 관찰하면서 섬진강의 지질과 지형을 이해하는 기회를 갖는다.

강의목표 강의수준	· 목표 : 　1. 섬진강 모래에서 비중이 무거운 광물을 분리하는 팬닝방법 습득 　2. 준보석류 인지 　3. 모래에서 준보석 광물 분리방법 · 수준 : 사금 채취를 처음으로 접하는 중학생 및 고등학생		
교 재	주교재명 : 유인물　　　　　　금액 :0 부교재명 :　　　　　　　　　금액 :		
재료비	· 실습재료비총액 :　　　　　　4,000 원/인 · 실습재료비내역 : 돋보기(4개/인), 팬닝 접시(1개/인), 붓(1개/팀), 보관용기 (1개/인), 삽(10개/팀)		
수강생준비물	· 노트, 필기도구		

강 의 내 용

구분	강의단원	세부내용	준비물
1 회	사금 채취	이동: 섬진강 상류 준비과정: 감토층 찾기, 작업장 준비 채취과정: 팬닝 방법, 선별 방법, 　　　　　인지방법, 분리방법	돋보기, 삽, 팬닝접시, 붓, 보관용기, 자석, 기름종이
2 회	사금 채취	이동: 섬진강 상류 준비과정: 감토층 찾기, 작업장 준비 채취과정: 팬닝 방법, 선별 방법, 　　　　　인지방법, 분리방법	돋보기, 삽, 팬닝접시, 붓, 보관용기, 자석, 기름종이

그림 3-2. 지리산 대안학교 강의계획서 '섬진강에서 사금을 찾아라'

기나긴 세월이 흐르면서 노두[5]의 암맥[6]과 주변의 암석은 비와 얼음에 의해 침식되고 입자들이 서로 분리되어 모래나 진흙 같은 퇴적물을 형성한다. 이러한 분리과정 중에는 유기물에 의해 생성된 화학물질들에 의한 화학적인 반응이나 암석의 틈새에 스며든 물이 얼음이 되면서 부피가 증가해 기계적인 쐐기 작용으로 분리되는 경우가 많다. 금은 화학적으로 안정하고 무겁기 때문에 다른 물질들은 용해되고 운반되어져도 금은 공급지에서 가까운 곳에 남게 된다. 이 과정에 의해 사금광이 형성된다. 이렇듯 모든 사금광은 이차적으로 형성된 것이다. 따라서 사금은 바위, 자갈, 모래, 점토 등의 퇴적물들과 함께 고화되지 않은 상태로 나타난다. 이러한 현상은 지구의 탄생 이래 지속되었고 지금도 우리 주변의 산과 강에서 계속되고 있지만 그 속도가 매우 늦어 우리가 인식하지 못하고 있을 뿐이다.

사금과 같은 광물자원이 배태胚胎되기 위해서는 여러 가지 조건이 충족되어야 한다. 침식된 입자들이 유수流水에 의해 운반되어 쌓이려면 본래의 위치보다 아래로 흐르는 빠른 유수가 운반 역할을 한다. 유수는 퇴적 입자들을 비중에 따라 분리해 얇은 층들을 구성하게 한다. 하천의 유속이 감소함에 따라 유수가 운반할 수

---

5) 노두: 암석으로 이루어진 층이나 구조가 지표에 나타난 것으로 지하로 연장성이 있어야 한다. 따라서 본래의 뿌리에서 떨어져 나온 바위들은 노두라고 하지 않고 전석轉石이라 한다.
6) 암맥: 기존의 암석 사이에 있는 틈을 따라 마그마가 관입貫入한 판상의 화성암火成岩체를 말한다. 하지만 마그마가 굳어진 것이 아니고 지하수 내에 있던 석회질 성분이 침전해 형성되었을 때에는 암맥岩脈이라고 하지않고 맥脈이라고 한다.

베트남의 사금을 찾아서

없는 무거운 입자들은 하천 바닥이나 바닥에 놓인 자갈 사이로 가라앉는다. 이들은 기반암 위에 닿을 때 까지 아래로 이동하거나 중간에 점착성이 있는 점토질 층에 의해 포획된다. 하천 자갈층의 하부에 얇게 쌓인 퇴적물에는 무거운 금속입자들이 집중된다. 조립질 금(금덩어리)은 기반암에 집중되어 쌓이는 반면에 세립질 금(금가루)은 보다 윗부분에 집중된다. 하지만 기반암이 완만하게 기울어 있으면 기반암 위에 놓인 금이 천천히 하류 방향으로 이동하다가 바위 턱에 걸리거나 얕은 여울에 갇힌다. 간혹 강 바닥에서 형성된 지층의 가장자리에 있는 세일이나 슬레이트의 뒷면에서 금 조각들이 몰려 있는 모습을 볼 수 있다. 이러한 사금들은 유수면에 대해 경사지게 모여 있고 물살이 소용돌이치는 낮은 부분에 집중되어 있다.

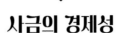

　사금은 채취된 양보다 비교할 수 없을 만큼의 많은 양이 남아 있다. 전문가들의 계산에 의하면 전세계적으로 약 5%만이 회수되었다고 한다. 대부분의 사금이 채취되지 못한 이유는 여러 가지가 있지만 그중 하나는 하천의 유수에 의해 사금광상이 계속해서 이동한다는 것이다. 이런 이유 때문에 수년간 많은 사람이 집중적으로 채취한 지역에서도 사금 덩어리가 발견된다. 또한 금값도 사금 채취량을 좌우하는 큰 요인이다. 사금을 채취하는 비용이 회수된 금보다 높으면 개발이 되지 않는다. 하지만 채취비용은 회수방법과도 연관이 있다. 즉, 효과적으로 사금을 채취하는 방법을 알면 비용을 낮출 수가 있다. 마치 미국의 셰일가스 혁명이 수평시추 및 수압파쇄기술에 의해 이루어진 것과 같다. 미국에서 1849년도에 불었던 금광열기forty-niner는 인간이 지구상에 나타나기도 전에 있었던 옛 하천이나 강에서 수세기 동안 집적되었던 사금들이 새로운 강이 흐르면서 이들을 인근 퇴적층이나 사주에 쌓아 놓은 것

이 발견되면서 시작되었다. 이러한 사금광은 모두 파헤쳐졌고 수년 후에는 경제적으로 가치가 없어지면서 원래 사금을 공급해 준 제3기의 고古하천에 대한 탐사가 시작되었다. 국내에도 평안계, 대동계, 경상계 등 고기의 퇴적층이 육상에 많이 발달해 있다. 하지만 이들 퇴적층 내에서 중사重沙에 대한 연구는 있으나 사금에 대한 연구는 수행된 적이 없다. 1849년의 사금광 열기 이후 미국에 다시 사금광 열기가 불어닥친 것은 1931년에서 1940년 사이다. 이때에 경기 불황으로 일자리를 잃은 많은 사람들이 강가로 모여들었고 이때 캘리포니아주의 강이나 하천가에서 회수된 금의 양만도 388만 2,000트로이온스이며 그 당시 가격으로 US$ 134,971,000이었다. 2020년 3월 16일 가격으로 환산하면 온스당 US$ 1,470이므로 57억 600만 불이다.

하천에서 발견되는 사금 광상은 대부분 두 개 혹은 그 이상의 사금층이 선형으로 발달해 있다. 이들 사금층은 하천의 가장 중앙에 발달한 깊은 부분이 아니라 그 주변을 따라서 발달한다. 그러므로 선형으로 발달한 사금 채취 장소가 두개 이상이면 하천의 유로가 바뀜에 따라 이러한 장소는 2배수로 증가하는 것이다. 이러한 장소에서 사금을 채취하다 보면 가장 많은 양이 산출되는 지점이 나타난다. 대부분 이러한 지점을 지나면 사금의 양은 급속히 감소하게 된다. V 자 형태의 협곡에서는 전 구간의 강 바닥에서 금을 발견할 수 있다. 반면에 넓고 편평한 바닥면을 갖고 있는 계곡은 경제성 있는 사금 구간이 좁게 발달했고 하천의 양쪽 가장자리

중 한쪽에만 발달한다.

금이 가장 많이 집중될 수 있는 장소는 물론 기반암에 인접할 것이나 실제로 금이 집중되어 있는 장소는 가장 깊은 위치가 아니다. 굽은 형태(사행蛇行)의 하천에서 금 입자는 유속이 줄고 하상 퇴적층이 넓게 발달하는 하천의 안쪽 면으로 집중된다. 경제성이 있는 채취 구간은 단층이나 기반암의 차별침식, 하천의 굴곡, 사주[7] 등과 같은 자연적인 장애물들에 의해 끊어지므로 항상 연속적인 것은 아니다. 만일 기반암에 균열이 나 있고 동시에 경사면이 편평해 유수의 속도가 감소되면 금이 집적되기에 최적의 조건이며 이와 같은 경우에는 기반암에서 분리된 대부분의 사금 입자들을 회수할 수 있다.

하성 퇴적층에서 경제성이 있는 유망 지역을 선정하기 위해서는 일반적으로 하천이 넓어지거나 하천의 유수 방향이 변화하는지 주의 깊게 조사해서 뚜렷하게 유속이 감소하는 지역을 찾아야 한다. 일반적으로 유수의 이동은 하천의 중심부에서 가장 빠르며 가장자리를 따라서 점차 낮아지므로 하천의 가장자리에서 사금이 퇴적될 확률이 높다. 하천 내의 위치에 따라 유수의 속도가 변하는 현상은 홍수와 같이 특히 수위가 높을 때에 잘 나타난다. 사금광 위치가 자연적인 요인들에 의해 여러 번 이동함에 따라 경제성이 있는 선형의 유망 퇴적층도 이동한다. 따라서 사금이 균질하게 분포

---

7) 사주: 한강의 여의도와 같이 강이나 하천의 유수 방향이 심하게 변하지 않는 지역에서 유수에 의해 운반된 자갈이나 모래가 강이나 하천 내에 쌓여 있는 것. 이들은 형태에 따라 종렬, 사선, 횡렬사주로 분류된다.

베트남의 사금을 찾아서

하는 경우는 거의 없다. 때로는 자갈 퇴적층의 상부면에서도 사금이 집적될 수 있다. 퇴적되는 입자의 크기에 따라서도 사금의 양이 변화하는 양상을 보인다. 즉, 하천의 모래 퇴적층은 자갈 퇴적층에 비해 일반적으로 사금을 적게 포함하고 있으므로 경제성이 매우 적다. 점토의 경우는 더더욱 경제성이 없으나 퇴적층의 최상부와 최하부면의 점토층은 점착성이 높아 세립질 사금을 포획하는 역할을 함으로 채굴해 볼 가치가 있는 경우도 있다.

과거에 사금 채취업자들의 경험으로 보아 작은 강이나 시내는 적은 자본으로 많은 양의 사금 채취가 가능한 유망한 사금의 공급지로 알려져 왔다. 이러한 지역은 쉽게 발견할 수 있고 작업하는 데 있어서 최소한의 경비만이 필요하다. 이런 장소에서 채취되는 사금은 주로 조립질(덩어리)이며 간단한 작업에 의해 회수된다. 국내의 예를 들면 논산 지역 석성천 일대 사금의 평균 자연금 품위는 0.1970grms/㎥(이정구, 1974) 이므로 하루에 300㎥의 퇴적물을 처리하면 300㎥ × 0.1970grms/㎥ = 59.1grms 이므로 하루에 얻는 금의 양은 59.1g이다. 여기서 1트로이온스는 31.1g이므로 온스로 환산하면 1.9트로이온스다. 1온스당 금의 가격이 US$ 316.73이므로 하루에 얻은 금의 가격은 US$ 601.8 우리 돈으로 환산해서 96만 3,000원이다(1998년도 기준). 1온스당 금의 가격이 US$ 1,470 이므로 하루에 얻을 수 있는 금의 가격은 US$ 2,793, 우리 돈으로 환산해서 335만 1,600원이다(2020년도 3월 16일 기준). 여기서 채취하는 데 들어간 비용과 시설비 등을 제하면 실질적인 이익금이 계산될 것이다. 이외에도 사금을 고르고 난 부산물, 즉 모래나 자갈 등을 골재로 이용할 수도 있으며 사금과 수반되는 중사도 용도가 다양해서 이들의 활용도 고려해야 한다. 결론적으로 사금은 강이나 하천의 어디에나 있지만 어느 곳에 집중되어 있고 얼마나 효과적인 방법으로 회수하느냐에 따라서 경제성이 좌우된다.

금에 대한 기록들

　금을 인류가 이용하기 시작한 것은 고고학자에 의하면 기원전 3000년 남부 이라크 왕릉에서 출토된 금제 장신구로 기록되어 있다. 하지만 유럽에서는 기원전 4000년경부터 금을 사용했다고 한다. 금에 관련된 주요 역사를 살펴보면 아래와 같다.

기원전 3000년: 이집트에서 금 가공법이 전해짐

기원전 1091년: 중국에서 금조각이 화폐의 형태로 통용

1511년: 스페인 국왕이 금을 구해 오도록 탐험대를 보냄

1848년: 캘리포니아의 황금 러쉬가 시작

1850년: 에드워드 하몽이 오스트레일리아에 상륙한 지 일주일 만에 금을 발견

1896년: 알래스카의 황금 러쉬

1933년: 미국 루즈벨트 대통령이 금 수출금지 지시

1968년: 인텔사가 마이크로칩을 개발하면서 트랜지스터 연결에 금박회로 이용

1974년: 미국 정부, 개인의 금 소유를 허용

1987년: 자동차에 설치된 에어백의 신뢰성을 높이기 위해 금박 스위치 사용

1996년: 화성 탐사선이 금박을 입힌 파라볼릭 안테나를 통해 화성 사진을

지구로 전송

1993년: 베트남 금 생산량 10t

1998년: 한국 외채상환을 위해 금 모으기 운동 전개, 225t 수집

1999년: 한국 금 생산량 25t

2000년: 한국 금 생산량 10kg

2017년: 한국 금 생산량 24kg

세계 금광의 생산량 3,247t

베트남 금 생산량 0

베트남의 사금을 찾아서

금의 특성

 금과 같이 산출되는 광물들로부터 금을 구분해 내는 것은 어렵지 않다. 그 이유는 금이 비중이 매우 높고 다른 광물들과는 구분되는 노란색을 띠며 산과 알카리 같은 화학적인 부식에 강하다는 특성 때문이다. 물론 황철석처럼 비슷한 색을 보이는 것도 있지만 황철석과 금은 조흔판 색상[8]이나 연성, 비중의 차이가 커서 쉽게 구분이 가능하다. 금의 색은 노란색이 가장 일반적이지만 사금광에서 산출되는 금의 색은 은이 합금이 되어 나타나는 밝은 노란색으로부터 구리가 섞여 나타나는 녹슨 금색, 금에 섞여 있는 망간 성분의 산화에 의해 거의 검은색까지 다양하다.

 금의 무게 혹은 비중은 물의 19.3배에 이르지만 폐석이나 모래의 대부분을 이루고 있는 석영의 비중은 단지 2.6이다. 사금의 경우에

---

8) 조흔색: 광물 분말이 나타내는 색으로서 항아리 깨진 조각(초벌구이 자기판)에 광물을 대고 문지르면 볼 수 있다. 광물마다 조흔색이 다르므로 이 특성을 이용해 광물을 구분할 수 있다. 예를 들면 황철석, 황동석, 금 모두 황색으로 보이지만 항아리 조각에 그어 보면 각각 흑색, 녹흑색, 금색을 보인다.

는 금에 불순물이 많이 섞여서 15.6에서 19의 비중 값을 나타낸다. 낮은 수치를 나타내는 사금의 비중도 석영보다는 6배 정도가 높은 점이 어떤 조건에서도 사금이 잘 분리되는 이유다.

금의 연성은 매우 높아 망치로 쳐서 종이처럼 펼쳐도 끊어지지 않는 성질을 보이며 이와 같은 얇은 조각의 형태로 된 금은 매우 높은 비중에도 불구하고 물에 잘 뜨는 성질을 보인다. 특히 물에 점토가 섞여 있으면 이들의 부력은 더 높아진다.

금의 내부식성은 강하지만 불산과 질산의 혼합물에 의해서는 용해되고 소디움과 포타슘 시안화물의 희석용액을 이용하면 금가루를 녹일 수 있다.

금은 그 용도에 있어서 장신구, 전자, 통신, 레이저, 의료, 건강, 산업, 우주선, 안전자산 등 무한한 수요를 갖고 있다. 따라서 금에 대한 수요는 점차 늘 것이며 고도화된 정보, 통신사회에서 필요 불가결한 존재로 되어 가고 있다. 심지어 TV, CD, 인텔사의 마이크로칩에도 금이 사용되고 있다.

금의 전기 전도도는 높고 부식에 강한 특성 때문에 컴퓨터, 스마트폰 및 가전제품 등의 분야에 넓게 이용된다. 또한 높은 반사 특성을 갖고 있어 우주선, 인공위성 등에서 태양광을 막는 데 효과적이다. 이외에도 공업 분야의 레이저 기기에서 빛을 반사시키고 초점을 모으는 데 활용된다. 생물학적으로는 인체와 반응하지 않는 성질 때문에 의학적으로 직접 신체와 접촉하는 부분에 사용되기도 한다. 다양한 기후와 악조건에 노출되어 있으며 위급시에 생명과

직결되는 장비에 사용되는 마이크로 프로세서를 사용하는 구조 장비들은 부식에 강하고 전도성이 좋으며 오랜 기간 사용하지 않았어도 언제나 믿을 수 있는 금박 전선과 스위치를 사용한다. 자동차의 에어백 시스템도 언제, 어떤 환경에서도 작동해야 하는 믿을 만한 장치이어야 한다. 따라서 센서 장치에 사용되는 접점이나 기타 회로에는 금을 이용해 제작되었다. 일반적으로 자동차에 탑재되는 에어백은 엔진 부분에 밀착되어 있어서 높은 온도와 진동을 받으면서 안정된 상태를 유지해야 하기 때문에 부식에 강하고 전기 전도성을 유지하기 위해서 금을 사용해야 한다. 비행기 엔진에서 부품을 연결할 때에도 엔진에서 발생하는 높은 압력과 온도를 견디기 위해서 금의 합금물질을 이용해 연결시킨다. 또한 비행기의 조정석 창은 금으로 도금된 유리를 사용함으로서 추운 나라나 안개 낀 지역에서 전류가 흘러 서리가 끼지 않게 함으로서 조종사의 시야를 밝게 해 주며 더운 나라에서는 빛을 반사시켜서 실내가 더워지지 않도록 해 준다. 일부 우주선에서 정밀기기를 보호하는 데 이용되는 금박막이나 자료를 지구로 전송하는 시스템에 사용된 금은 영원히 지구로 회수될 수 없는 금이다. 이외에도 전화기의 송화 부분에 사용되는 금박으로 만들어진 진동판은 다른 재질에 비해 안정되고 환경 변화에 강하므로 야외에 설치된 공공 전화기에 주로 사용된다. 텔레비전과 비디오레코더에서 전파 신호를 화상으로 바꾸는 전자회로 칩과 이들 칩을 연결하는 가는 전선들도 화상신호들이 깨끗하게 전달되도록 주로 금으로 만들어졌다.

세계에서 가장 큰 망원경은 하와이의 마우나 화산 위에 위치하고 있다. 이 망원경에 사용되는 거울은 99.9%의 금으로 도금되어 있고 빛을 모으는 능력이 매우 높아 달 표면에 있는 촛불도 인지할 수 있다. 특히 금은 적외선 부분에서의 반사도가 높아 망원경의 이차거울로서 사용된다. 필자가 학창시절일 때는 울트라디스크 II 컴팩트 디스크에 엘튼 존, 스티비 원더, 비비 킹 등 유명한 가수들의 노래가 24캐럿의 금 디스크에 오리지날 테이프로부터 녹음되어 골든 디스크Golden Disk로 판매되기도 했었다. 명동이나 종로의 레코드 가게 진열대에서 본 기억이 아직도 생생하다. 공기 중의 습기에 의해 부식되는 알루미늄 디스크와는 다르게 금으로 코팅된 울트라디스크 II는 부식에 강해 영구 보존이 가능하다. 또한 금은 알루미늄보다 편평하게 코팅되고 구멍이 생기지 않는다. 따라서 결점에 강한 특성을 갖고 있다. 골든 디스크라면 모든 면에서 최고로 생각하는 이유다. 치과에서 사용하는 대부분의 금은 플라티움, 팔라디움, 은, 구리 등을 섞은 합금형태이다. 금을 사용하는 이유는 금이 독성이 없고 다루기 쉬우며, 강하고, 단단하고, 닳지 않고, 녹슬지 않기 때문이다. 매년 상당량의 금이 치과에서 치관, 치교, 봉, 의치 등에 사용된다. 이 때 함유된 금의 양은 약 70%다. 금의 연성(망치로 두드리면 펼쳐지는 성질) 때문에 100% 순수한 금만으로 치관을 만들면 단단한 음식물을 씹을 때 변형될 수 있어 순금을 고집할 이유가 없다. 눈주위의 근육을 다치는 경우에 눈꺼풀을 완전히 닫을 수 없는 경우가 있다. 이 경우 눈꺼풀이 습기를 유지할 수 있도록 눈꺼풀을 절반정도 닫아놓는 수술을 하는 것이 일반적이었으나 최근에는 윗눈꺼풀에 0.6~1.6g의 금을 넣어서 금의 높은 비중에 의해 눈꺼풀이 중력에 의해 잠기고 근육에 의해 열리도록 하는 수술이 보편화 되었다. 이와 같이 예민한 부분으로 신체의 조직들과 반응하지 않고 무거운 비중이 필요하며 눈물에 부식되지 않는 광물로는 금이 가장 좋다고 알려졌다.

베트남에서는 아이스크림에 금박을 덮어서 먹기도 하지만 류머티즘 처방으로 금염gold salt을 먹기도 했고 일부 환자들에게는 효과가 있었다고도 알려져 있다. 금염은 주사나 혹은 알약 형태로 복용이 되며 관절의 고통과 붓기를 덜어 주는 역할을 한다. 금으로 만들어진 판은 인체에 유해한 일산화탄소나 질산화물 가스를 인체에 유해하지 않은 가스로 바꾸는 촉매 역할을 해 준다. 따라서 금을 섞은 합금판들이 공기정화장치와 방독면에 사용된다.

중세시대의 연금술사들은 여러 물질로부터 금을 만들 수 있다고 해 무지한 사람들을 기만했다. 황철석을 금이라고 속여서 산골사람들의 식량인 논과 밭을 빼앗기도 했다. 현대사회에서도 금은 사기행각을 벌이는 이들이 사용하는 주 메뉴다. '금 모으기 운동'이 한창이었던 IMF 시기에 일부 기업들은 오히려 금을 챙겨 한탕을 했다. 필리핀에서 국내의 재벌을 초청해 엄청난 금맥이 묻혀 있는 산을 소유하고 있는데 합작으로 개발하자고 헬기로 돌아본 후, 관련기관 인사들과 면담을 주선하면 사기인가? 투자인가? 반짝인다고 해서 모두 금은 아니다! 금의 높은 비중값 만큼 '금'이란 말이 사회에 만연할 때 그 사회의 부패지수 또한 높았던 것이 금의 또 다른 사회적 특성일 것이다. '금배지'도 예외는 아니다.

예전의 중세시대 탐험가들은 해외에서 항해 중에 위급한 상황에 처해 긴급히 자금이 필요시 사용할 목적으로 선박에 금덩어리를 가지고 다녔다고 한다. 그 후 수백 년이 지난 지금도 금덩어리를 집 안 금고에 넣어둬야 할 때가 되었다.

사금과 환경

사금을 채취하기 위해서 패닝으로만 금을 회수하면 하천의 환경에 피해를 주지 않을 수 있다. 하지만 수은을 사용하면 주변의 동식물에 오염되어 치명적인 부작용이 발생한다. 사금을 채취하는 과정에서 하천변에 쌓이는 폐석도 환경과 밀접한 관련이 있다. 세광통의 끝 부분에서 폐석은 매우 빠르게 쌓여 하천 주변의 생태계에 영향을 주기 때문에 이들의 영향이 최소화되도록 폐석을 처리해야 한다. 가장 좋은 방법은 물론 급류 안으로 버리는 것이지만 그러려면 사금 채취 지역의 지형이 이에 맞게 적절한 형태를 가지고 있어야 한다. 이러한 폐석은 골재로 이용될 수 도 있다. 하루에 세광될 수 있는 퇴적물의 양은 조건에 따라 변화하지만 충분한 양의 물이 있고 큰 자갈이 너무 많지 않으며 육상에서 세광작업이 이루어지면 두 사람이 하루에 15~23㎥의 퇴적물을 처리할 수 있다. 세광장치를 설치하는 데는 하천 주변의 목재나 플라스틱으로 만들 수 있어서 많은 비용이 필요치 않다. 이때 물을 공급하는 것이 가장 중요한 문제다. 이를 위해 하천보다 높은 지대에 물구덩이를 만들어 호스, 도랑 혹은 파이프로 연결해서 물을 공급하는 것이 지속적으로 물을 공급할 수 있어 바람직하다. 이외에도 세광방법을 선택하는 데 고려해야 할 점은 물의 공급, 지반의 경사각, 폐석 야적공간, 큰 자갈의 양 등이며 이들과 함께 퇴적물의 성질 및 사금 입자의 크기도 영향을 미친다.

베트남의 사금을 찾아서

금의 단위

　금의 원소기호인 Au는 금을 뜻하는 라틴어 'aurum'에서 유래되었고 영어명 'gold'는 노란색을 뜻하는 앵글로 색슨어 'geolo'다. 금의 질을 나타내는 등급은 다른 합금성분이 섞이지 않고 얼마나 순수한 금속인지에 따라서 정해진다. 예를 들어서 1,000화인fine이라고 하는 순금이 트로이온스당 35만 원 이라고 하면 사금은 등급이 600에서 900화인이며 온스당 21만 원에서 33만 원의 가치를 갖는다. 사금의 등급이 대부분 낮은 것은 이들이 은이나 구리와 합금을 이루고 있기 때문이다. 낮은 등급의 사금은 일반적으로 밝은 색을 띠는 특징에 의해 구분되며 이는 사금에 섞인 은에 의한 효과다. 따라서 금의 등급은 색갈과 광택에 의해 판정할 수 있다. 일반적으로 작은 입자의 금들은 모으기가 힘든 대신에 순도가 높다. 이와 같은 현상은 세립질의 금 입자일수록 표면적이 넓어 물에 오랜 기간 잠겨 있는 동안에 불순물들이 더욱 쉽게 용해되어 빠져나가기 때문이다. 금의 등급은 열순도분석에 의해 가장 정확하게 판정이 되고 세립질의 금에 대한 분석 결과는 대부분 높은 수치를 나타낸다.

사금에서 말하는 컬러color는 금덩어리nugget보다는 작고 1/16 in보다 큰 크기의 금조각의 크기를 언급하는 데 사용한 용어다. 사금 채취업자들이 채취된 시료들에 대한 평가 방법으로 팬에서 컬러의 숫자를 세고 무게를 재서 이들이 산출된 퇴적층의 가치를 계산하는 데 이용한 단위다. 분말 금은 이보다 더 세분된다. 일반적으로 분말금은 보다 조립질인 금보다 순도가 높기 때문에 높은 가격을 받을 수 있다.

표 3-1. 1온스의 양에 해당되는 컬러의 개수

사금 입자 크기	온스당 평균 color 개수
중립질 금	2,200
세립질 금	12,000
극세립질 금	40,000

컬러보다 명확하게 금입자의 크기를 분류하기 위해 호프만C. F. Hoffman은 체의 크기에 의해 금입자를 다음과 같이 분류했다.

- **조립질 금**(금덩어리): 10메쉬 체(체의 격자 크기가 1/16in)에 남는 금입자들

- **중립질 금**(작은 금덩어리): 10메쉬 체는 통과하나 20메쉬(체의 격자크기가 1/32 in) 체에 걸리는 금입자들

- **세립질 금**: 20메쉬의 체는 통과하나 40메쉬 체 (체의 격자크기가 1/64in)에 걸

리는 금 입자들

• 극세립질 금: 40메쉬의 체를 통과하는 금 입자들

금의 중량을 달기 위해서는 세계적으로 트로이 도량계를 이용한다. 트로이온스는 일반적인 온스avoir du poid(1파운드가 16온스)보다 약 10% 정도 더한다고 생각하면 된다.

1페니무게DWT = 24낟알 = 1.555174그램

1트로이온스 = 20페니무게 = 31.10348그램

1온스 = 28.34956그램

1킬로 = 32.15074트로이온스 = 2.20462 파운드

1파운드 = 16온스

1트로이 파운드 = 12트로이온스

금의 순도는 퍼센트, 순수도, 캐럿[9] 등 3가지 방법으로 표현될 수 있으며 이들 간의 관계는 다음와 같다.

---

9) 캐럿: 순도를 나타내는 말로, 합금 상태일 때 1/24만큼의 순수한 금이 들어 있는 것. 따라서 18k(캐럿) 금반지라는 것은 반지의 18 부분은 금이고 6 부분은 다른 물질임.

표 3-2. 금의 순도를 나타내는 용어

%(백분율) PERCENT	순수도(천분율) FINENESS	캐럿(24분율) KARATS
100%	999fine	24karat
91.7%	917fine	22karat
75.0%	750fine	18karat
58.3%	583fine	14karat
41.6%	416fine	10karat

금의 무게와 부피 관련한 계산을 위해서는 Kitco Inc. 회사가 개발한 'Metalynx'라는 스마트폰용 앱 프로그램을 무료로 이용할 수 있다. 이 프로그램을 이용해 금의 순도 계산은 물론 단위 변환이 가능하다.

제4장

사금에 관한 세부 정보들

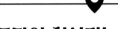

사금광이 형성되는 과학적 원리

사금이 어디에 있는지를 짐작하기 위해서는 하천이나 강의 작용과 물의 흐름을 알아야 한다. 이러한 지식은 그 동안에 과학이라는 울타리 안에서 연구된 내용들을 살펴보면 알 수 있다. 유체역학이나 퇴적학 분야의 실험적이거나 수학적인 이론들의 기본원리를 앎으로서 사금이 퇴적되어 있는 장소를 예측할 수 있다. 사금광이 형성되는 데 가장 중요한 지질학적 요인은 '물'이다. 따라서 사금광을 탐사하기 위해서는 물에 의한 작용을 이해해야 하고 이들이 만들어 놓은 현상을 해석하는 과학적 지식이 필요하다.

하천에서 유수에 의해 운반될 수 있는 입자의 크기는 유속에 비례한다. 이 원리는 Brahms와 Airy에 의해 수학적으로 아래와 같이 표현되었다. 여기서 K는 상수를 의미한다.

임계속도 $= K(\text{물에 잠긴 입자의 무게})^{1/6}$

하지만 이 공식은 입자들 간의 충돌이나 기타 다른 요인을 고려하지 않은 점으로 인해 실상황에 적용하기에는 너무 단순하다.

강이나 하천에서 퇴적물이 고정된 상태에서 움직이게 하기 위한 임계유속을 나타낸 그래프를 보면 입자의 직경이 클수록 높은 속도가 필요하지만 3파이보다 작은(아주 작은 입자) 경우에도 높은 속도가 필요함을 알 수 있다. 우리가 상식적으로 생각할 때는 입자의 크기가 작으면 움직이는 데 필요한 유속이 큰 입자에 비해 낮을 것으로 생각되지만 실제로 입자 크기가 3파이보다 작은 경우에는 그렇지 않음을 알 수 있다. 이와 같이 작은 입자들을 움직이는데 필요한 유속이 높은 이유는 작은 입자들은 입자와 입자간의 접촉면이 큰 입자들에 비해 넓기 때문에 입자들 간의 응집력이 높은 것으로 설명될 수 있다. 물론 우리가 육안으로 관찰할 수 있는 범위 안에 있는 입자들의 임계유속은 크기에 비례해서 유속이 증가한다.

유수에 의해 서로 다른 형태, 크기 및 밀도를 갖고 있는 퇴적 입자들이 운반되면서 각각의 입자는 독특한 개별적인 운동을 한다. 이러한 운동에너지는 유수의 속도와 가장 큰 관계를 갖고 있다. 고정되어 있는 입자를 움직이게 하는 유수의 종류에 따라 형성되는 사금광의 형태도 다르다. 예를 들어 하천수에 의해 형성된 육성 사금광이 있는 반면에 파도, 조류, 조수등에 의해 바다와 육지의 경계부에서 형성되는 사금광도 있다.

표 4-1. 자갈이나 모래를 움직일 수 있는 유속(Smirnov, 1976)

평균입자직경(mm)	유속(m/s)
0.10	0.27
0.25	0.31
0.50	0.36
1.00	0.45
2.50	0.65
5.00	0.85
10.00	1.00
15	1.10
25	1.20
50	1.50
75	1.75
100	2.00
150	2.20
200	2.40

　　그림 4-1에서 보면 2파이[10) 크기의 입자가 움직이는 데 필요한 유속은 16㎝/s이지만 1.1㎝/s의 속도까지는 하천 바닥에 가라앉지 않고 움직인다. 하지만 이러한 수치는 이상적인 조건에서의 실험값이며 우리 주변에 있는 하천 내의 퇴적물은 퇴적 입자들 사이의 점토질에 의한 시멘트화 작용이나 큰 입자들 사이에 끼어 있는 작은

---

10)　파이: 그리스어의 21번째 글자로서 퇴적학에서는 입자의 직경(d)을 나타내는 단위로 $-\log_2 d$의 함수로 표현된다. 여기서 d의 값은 mm 단위이므로 1mm보다 작은 입자는 양의 값을 갖는다. 따라서 파이 값이 커질수록 입자의 크기는 작아진다.

입자들의 영향에 의해 이보다는 높은 값을 갖게 된다.

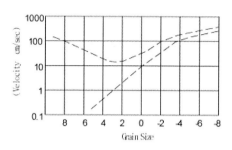

그림 4-1. 하천에서 자갈이나 모래를 운반하는 데 필요한 물의 속도(Hjustrom, 1935)

  상기한 내용들은 개별적인 입자들에 대한 해석은 가능하나 입자들이 모여서 군집을 이루고 있을 때 이들의 움직임을 해석하기에는 어려운 점이 있다. 따라서 입자의 크기가 작은 퇴적물(극세립질 실트)에 대해서는 집단적인 움직임으로 해석해야 한다.

  퇴적 입자들의 형태는 '물의 속도(유속)'과 같이 퇴적 및 운반작용에 영향을 준다. 널빤지 모양(판형)이나 디스크 형태 입자의 경우, 길이에 대한 무게의 비가 가장 높아 운반되어지기 좋은 조건을 갖고 있다. 구형입자들은 다른 것에 비해 가라앉는 성질이 높아 주로 하천 바닥을 굴러서 이동한다. 따라서 커다란(조립질) 판형의 운모류 입자들이 이보다 작은 구형의 석영이나 장석과 같이 퇴적되어 있는 것을 종종 볼 수 있다. 하지만 막대형의 입자는 구형입자보다 구르기가 어려워 이동하는 속도가 느리다. 이렇듯 하천을 따라 운반되는 퇴적물은 물에 떠서, 바닥을 굴러서, 바닥에 부딪히고 물에 떠서 이동을 하게 된다. 이때 물에 떠서 부유해 이동되는 퇴적물의 양은 일반적으로 10% 미만이다. 하천의 유수가 안정된 시기에 입자들의 퇴적은 가장 안정된 자세로 가라앉는다. 반면에 홍수기와 같이 불안정한 시기에는 유속이 감소하면 방향에 관계없이 퇴적된다. 같은 단면의 같은 층준에서도 유수의 흐름이 다양하면 퇴적형태도 다양한 모습을 보인다.

모든 퇴적 입자들의 밀도(무게/비중)가 같다면 입자들 사이의 분급작용[11]은 입자의 모양과 크기에 의해 조절될 것이다. 그렇다면 경제적으로 유용한 중사광상이나 사금광은 형성되지 못하고 퇴적물 내에 균등하게 분포함으로써 이들을 분리해 내는 데 비용이 많이 들 것이다. 하지만 금이나 검은 모래는 다른 어느 광물들보다도 비중이 높아 중력에 의해 비중이 같은 입자들끼리 스스로 모이는 작용을 한다. 그리고 입자들을 움직이는 물이 높은 에너지를 가질수록 이들의 분리는 보다 효과적으로 작용한다.

해안에서의 퇴적작용은 조수, 파도, 조류 등에 의해 이루어지며 사금광 형성에 가장 큰 역할을 하는 것은 조수와 바람에 의한 파도다. 파도는 바람, 해와 달의 중력, 해저 지진, 해저 산사태, 해저 화산분출 등에 의해 형성된다. 이 중 조수와 바람에 의한 파도는

---

11) 분급작용: 크기나 모양이 같은 입자들끼리 모으는 작용. 이를 나타내기 위해 상대적인 표현으로 분급이 좋음, 보통, 나쁨으로 나누고 절대적인 표현 방법으로는 평균, 표준편차, 왜도skewness, 첨도kurtosis 등이 있다. 예를 들면 한줌의 모래를 관찰할 때 모래 입자들의 크기가 제 각각으로 다양하면 분급이 나쁘다고 하고 체질을 해 고른 모래는 분급이 좋다고 한다. 이들 입자의 크기를 모두 측정해 나타내는 것이 통계를 이용한 절대적인 표현법이다.

베트남의 사금을 찾아서

계속적으로 해안에 작용함으로써 사광상 형성에 가장 큰 역할을 한다.

밀가루와 같이 세립질이며 필름처럼 얇게 하천의 사주에서 사금이 발달한 것을 '홍수 사금이라고 한다. 이러한 현상은 강 수위가 일시적으로 높았다가 낮아진 후에 관찰되며 이것은 표면에서만 얇게 발달한 것으로 실제 사금의 양은 많지 않다. 물론 이들 퇴적층 하부로 사금광이 발달 할 수도 있으나 표면에 나타난 홍수사금 현상은 하위의 사금층에 대한 아무런 단서도 제공하지 못한다. 이것은 작은 양에 지나지 않고 이후의 또 다른 홍수는 다른 장소에 이러한 현상을 보이게 한다. 하지만 일부 특정 지역에서는 이 현상이 반복됨으로써 주기적으로 사금을 채취하기도 한다. 이러한 지역은 잔류 사금광에서 주로 발견된다. 또한 사금이 많이 산출되는 강가에서는 이끼류를 모으는 사금업자들이 있다. 이러한 사람들은 강 수면이 낮아지면 하상 퇴적층을 따라서 성장한 이끼를 모은다. 이들 이끼 안에는 강의 수면이 높았을때 포획된 사금 입자들이 있어서 이들을 태우면 사금이 산출된다. 이상의 원리들을 응용하면 자신만의 사금 보물지도를 만들어 볼 수 있다.

사금의 근원지根源地

　강의 자갈이나 모래는 시간이 흐를수록 하류로 가서 쌓이고 하천의 유수에 의해 광물이나 금이 운반되기 위해서는 유수 내로 이들 물질이 유입되어야 한다. 이러한 유입은 모암의 광맥으로부터 이루어지거나 혹은 이전에 형성된 사광상으로 부터 공급된다. 하천의 바닥에 금광맥이 있는 경우에는 제자리에 퇴적되고 이동하지 않는 경우도 있다. 하지만 이들의 양은 매우 적어서 경제적으로 가치가 없는 경우가 대부분이다. 대부분의 사금은 하천 내의 유수에 떠서 혹은 바닥을 굴러서 운반된다. 이때 물의 흐름의 세기나 하천 바닥의 경사각이 이들의 이동에 중요한 역할을 한다. 사금이 공급지로부터 얼마나 멀리 떨어져 퇴적되느냐 하는 것은 물의 속도에 달려 있다. 물의 속도가 크면 공급지로부터 보다 멀리 떨어져 쌓일 것이다. 사금이 일단 하천에 유입되면 이들은 운반, 퇴적 및 집적이라는 세 가지 과정을 겪는다. 여기서 운반 과정은 사금이 하천수에 의하거나 바닥을 굴러서 하류로 이동하는 과정을 의미한

　　　　　　　　　　　　　　　베트남의 사금을 찾아서

다. 퇴적이라는 것은 사금이 퇴적층이나 기반암[12] 위에 놓이는 것을 의미하고 퇴적이 된 상태에서 계속적으로 금이 유입되고 다른 퇴적물들은 운반되어짐에 따라 집적이 일어나 사광상을 형성하게 된다. 사금 입자는 마그마로부터 형성되어 긴 여행을 거쳐서 우리에게 발견된다. 자연은 이러한 분리 및 집적에 관한 역할을 장구한 세월동안 지속해 오고 있다. 이 과정이 얼마동안이나 지속되었는가에 따라 사금광의 위치가 추정될 수 있으나 이를 운반하는 유수의 에너지와 빈도, 그리고 금광맥이 지표에 노출된 시기 등, 우리가 알 수 없는 요인들이 무수히 작용한다. 본래의 금광맥으로 부터 사금이 얼마나 이동해 왔는지 알려면 사금 입자를 현미경으로 관찰함으로써 추정할 수 있다. 만일 사금 입자가 둥글게 마모되어 있고 물살에 닳은 흔적을 나타내면 이 입자는 유수에 의해 먼거리를 이동했을 것이다. 운반되는 동안에 금에 붙어 있던 암석 조각들은 떨어져 나가고 무른 성질을 갖고 있는 금은 둥글게 구형을 이룬다. 그러나 사금 입자가 각이 져 있고 누더기 같은 모양을 보이며 석영입자들이 표면에 붙어 있으면 이들이 금광맥으로부터 가까운 위치에 있었던 것으로 추정할 수 있다. 납작하고 종이장 같은 박편 형태의 금은 진흙탕 물이나 빠른 유수에 의해 운반되면서 다른 바위나 자갈 등에 부딪혀 납작해진 것으로 해석할 수 있다.

---

12) 기반암: 흙이나 고화되지 않은 물질의 아래에 있는 단단한 암석을 지칭하며 사금 입자는 기반암 밑으로 내려갈 수 없고 주로 기반암위에 밀집되어 있다. 일부 점토질 퇴적물은 암석과 같이 단단해 기반암으로 오인되기도 한다.

사금 광산 개발에 관련된 규정 및 고려할 사항

　전문적으로 사금을 채취하기 위해서는 광업권을 설정해야 한다. 그러므로 사금 채취업자는 광업법에 의거 광업등록사무소로부터 광업권의 설정을 받아야 하며 광업권자는 광업권의 설정 또는 이전의 등록일로부터 1년 이내에 사업을 개시해야 한다. 광업권의 존속기간은 25년을 초과할 수 없으며, 외국인 또는 외국법인은 광업권 향유 능력이 없다. 광업권을 설정하기 위한 구비서류는 첫째, 광업법 시행규칙의 서식 제4호에 의한 설정출원서. 둘째, 개인일 경우 주민등록초본. 셋째, 법인체일 경우 주주 또는 지분권자의 명세서 및 대표자의 인감증명서 넷째, 광물채굴지점을 명시한 광구도. 다섯째, 광상설명서다. 이들 서류중에서 일반인들이 작성하기 어려운 서류가 광구도와 광상설명서다. 이러한 서류는 전문가의 도움을 받아서 만들어야 한다. 이 서류를 가지고 광업등록사무소에 접수하면 6개월 이내에 현장실사를 받고 광업권설정이 되면 등록한 후, 탐광, 채광계획인가를 받고 생산활동을 시작한다. 그런데 사금 채취나 골재 채취나 채취하는 대상은 모래와 자갈로서 같은 퇴적물이지만 법적으로 취해야 하는 절차에는 상당한 차이가 있다. 따라서 채취목적이 골재 공급인 경우에는 반드시 골재 채취허가를 받아야 한다.

사금 광산을 개발하기 위한 중요 조건으로는 물과 공간이다. 충분한 양의 물이 공급될 수 있으면 품위가 낮은 퇴적층도 채취할 가치가 있고 경사진 공간이 있으면 사금을 선별하고 남은 폐석들이 경사면이나 절벽을 따라서 중력에 의해 자동으로 처리될 수 있거나 골재로 사용될 수 있다. 이와 같은 조건을 갖춘 지역은 사금광으로 개발가능성이 높다. 이외에도 고려해야 할 점은 일꾼을 구할 수 있는지? 사금광 개발지역에 쉽게 다니거나 필요한 물품을 공급할 수 있도록 도로가 인접해 있는가? 등을 알아보아야 한다. 무엇보다도 계획을 세우기 전에 할 일은 먼저 땅의 소유주와 광구권한이 누구에게 있는가 알아보아야 한다. 일반적으로 광구권과 땅의 임자는 다르다. 만일 땅을 임대하면 폐석들의 처리문제 등은 물론 임대료 지불비율을 명확히 해 놓아야 한다.

사금광을 효율적으로 개발하기 위해서는 많은 자본을 투자해야 하지만 투자에 대한 위험성이 높고 개발에 많은 자금이 소요 되므로 민간인이 자기 자금만으로는 광산개발을 하기에는 어려움이 있다. 따라서 한국광업진흥공사에서는 일반금융기관의 대출조건과는 다른 기준과 절차에 따라 광업자금을 융자해 주고 있다. 간략히 소개해 보면 융자대상 광산은 사업자등록증을 교부받은 민영

광산의 광업권자 및 조광권자로서 광산평가가 가능한 광산, 광업원부상 압류등과 같은 소유권에 대한 제한이 없는 광산, 한국광업진흥공사 관계 규정에 의한 신용조사 기준에 적합한 광산 등이다. 융자한도액은 광산평가액의 120분의 100 이내이며 담보는 융자광산의 광업권과 광업시설, 부동산, 유가증권, 금융기관이 발행한 지급보증서, 보험사업자가 발행한 이행보증보험증권, 종합금융회사가 발행한 지급보증서 또는 지급보증한 어음, 기타 재산적 가치가 있는 것으로서 광업진흥공사의 사장이 담보취득이 가능하다고 인정하는 것 등이다.

하천의 하류에서 과거에 형성된 사금광은 대개 논이나 밭의 밑에 발달한 것이 많다. 과거에는 농지를 파헤칠 수 없어 이와 같은 곳에서 사금 채취가 불가능했으나 1986년 3월부터 부처협의에 의해 사금을 채취하기 위해서는 절대농지라도 농한기에는 광산개발의 용도로 사용할 수 있도록 되었다. 이에 따라 1985년도 국내의 사금생산 실적이 7.2kg에 불과하던 것이 1986년 말에는 무려 26.6kg을 생산해 전년대비 3.2배의 증산을 기록한 것을 보면 하천가의 농지들이 고하천 퇴적물로 구성되었음을 유추할 수 있다.

사금광 지역에 대한 자세한 조사를 하고 경제적, 행정적 및 사회적인 모든 자료를 수집하는 목적은 안정적으로 이익을 얻을 수 있는 적정 투자비를 산출하기 위함이다. 사금 광산투자를 위한 기본원리는 비용을 상환해 줄 수 있는 충분한 넓이의 땅이 있어야 한다는 점이다. 예를 들면 금강가의 어떤 밭을 조사해 본 결과 오래전에 형성된 고하천이 길이가 1,500m이고 넓이가 10m, 두께가 2m인 퇴적층이 발견되었다면 3만 ㎥의 퇴적물을 갖고 있을 것이다. 1㎥당 5만 원어치의 금이 회수되면 15억 원을 회수할 수 있다. 이 15억 원이 장비를 포함해 작업에 사용되는 모든 비용의 한계치다.

전세계적으로 사금광의 개발은 주로 중남미, 아프리카 국가들과 기타 후진국에 제한되어 있다. 이러한 원인은 주로 경기침체에 따른 유휴노동력이 주로 자영이 가능한 사금 채취쪽으로 몰리면서 일어났고 최근 이상기후에 의해 가뭄과 홍수로 농업인구가 광업쪽으로 이동한 결과로 해석된다. 미국이나 호주와 같이 일부 선진국은 레크레이션차원에서 관심이 집중되고 있다.

남아공은 세계 제1의 금 생산국이다. 남아공은 1997년 세계 전체 금 생산량 2,346t 중 21%에 해당되는 495t을 생산했지만 많은 금광들이 도산했다. 인플레시 금값이 오를 것이라는 계산하에 투자자들이 금광관련 주식매입으로 몰려 금광관련 회사들의 주가는 이틀을 타 상승세를 타고 있는 것으로 나타났다. 급증하는 금 수요는 곧 금값의 폭등을 예견해 준다. 자원민족주의가 팽배한 이 시대에 사금이라도 캐야 하지 않을까? 참고로 국내에서 최초로 사금에 관련된 법규가 제정된 것은 1906년(고종 43년)에 법률 제4호로 공포된 '사광채취법'이다.

위에서 언급된 법적인 규정이나 절차는 필자가 10여 년 전에 알고 있던 내용이라 관계 기관에 확인이 요망된다.

사금 광산 탐사 및 시추

일반적으로 가장 주목할 만한 탐사지는 시내나 작은 강가를 따라 발달한 하상퇴적층이나 사주다. 이런 하천에서 약 5.7/1000m의 경사각을 갖는 지역이 사금이 모일 확률이 높다. 탐사를 하면서 기반암의 심도는 반드시 알고 있어야 한다. 대부분의 사금광은 기반암 바로 위에 형성됨으로써 탐사 시에 단지 지표면의 퇴적층만을 시험해 보고 기반암 깊이까지 파보지 않고서 다른 지역으로 이동함으로서 매장 가능성이 높은 유망 사금광을 놓치는 경우가 많다. 또한 기반암보다 하위에는 사금층이 발달하지 않는다는 사실도 명심해야 한다. 기반암보다 깊은 곳에는 사금광이 절대로 형성될 수 없으므로 막연한 기대감을 갖고 탐사를 계속 진행하는 것은 비과학적이다. 탐사를 위한 시추공이나 구덩이들의 방향은 하천의 발달 방향에 대해 수직으로 파야 하고 일정한 간격으로 같은 양의 시료를 채취해 분석함으로써 정량적인 아이디어를 얻을 수 있으며 경제적으로 개발할 가치가 있는 지역을 선정할 수 있다. 경제적인 개발 가능성을 가진 지역이 선정되면 그 이후의 조사는 이들 유망 지역에 집중되어야 한다.

기반암이 노출된 지역에서 사금이 많이 집중된 웅덩이와 저지대 부분은 자세히 조사해야 한다. 만일 균열대가 유수의 방향과 같은 방향으로 기반암을 가로지르면 채굴장비로 가능한 깊게 탐사해 볼 필요가 있다. 일반적으로 완만한 경사를 갖는 기반암의 표면에 변화를 주는 균열대와 같은 조건은 자연적인 사금 채취용 기계(세광기)에 달린 홈의 역할을 하므로서 사금이 집중되도록 한다. 좁은 깨진 면crack을 따라서 세립질 입자의 사금이 집중되는 것도 주의 깊게 관찰해야 하며 일반적으로 균열된 기반암은 단단한 부분이 노출될 때까지 채굴해야 한다.

옛 사금업자들이 많이 발견한 큰 덩어리의 사금 입자는 유수의 운반력이 비슷한 자갈이 많은 퇴적층을 따라서 발달한다. 유수의 속도가 낮아지면 하천 바닥에 큰 입자의 금이 가라앉지만 작은 입자의 금들은 보다 가벼운 자갈이나 모래와 함께 이동하므로 결과적으로 적은 양의 자갈이 집중되면 금의 양이 적을 것이고 세립질이라서 모으기에 힘들 것이다. 또한 자갈내에 흑색 모래의 양이 매우 많으면 금이 집중되기에 좋은 조건이지만 반드시 금을 수반하지는 않는다.

과거의 사금광 지역인 경우 가장 양호한 부분은 채굴되어 버렸겠지만 작업이 끝난 지역이라고 사금이 없는 것은 아니다. 수년 혹은 수십 년이 지나고 나면 유수의 작용에 의해 묻혀 있던 사주와 하안단구가 드러나면서 새로운 사금층을 찾을 수 있을 것이다. 따라서 과거의 사금 탐사자들이 간과한 사금광들에 대해서 재평가를 하는 것이 필요하다. 힘들게 시추를 하고 퇴적물들을 걷어 내는 데 시간을 많이 소모할 필요 없이 단지 기존의 자료를 이용해 유망한 사금 매장량 지도를 만들 수 있을 것이다.

소규모의 사금광을 운영하더라도 사금이 매장된 지역을 예측하거나 산출량을 계산하기 위해서는 시료를 채취해서 분석해 보는 사전조사가 필요하다. 퇴적층 내에 사금이 존재하는 것을 확인한 후에 보다 크게 사업을 확장하기 위해서는 사금 채취지역에 대한 정확한 평가가 필요하다. 이와같은 평가는 사용 가능한 자갈층의 면적, 사금의 양, 회수 가능한 양 및 여러 가지 경제적인 변수들을 고려해야 하며 이러한 변수들은 어떠한 장비를 사용하는가에 따라 달라진다. 장비의 선택은 퇴적물 입자들의 크기 즉, 자갈, 모래, 점토 등의 비율에 의해 좌우되기도 하지만 퇴적물이 어느 정도 고화되어 있는가? 시멘트화 작용을 받았는가? 큰 바위들은 많이 섞여 있는가? 물의 공급은 원활한가? 처리된 퇴적물들이 쌓여 있을 공간은 있는가? 하는 점들을 고려해서 선택해야 한다.

시추공: 만일 사금광이 작은 강이나 시내에 위치하면 수로의 방

향과 깊이 및 기반암의 위치를 알아야 한다. 이러한 정보는 작은 웅덩이를 좌우와 앞 방향으로 파서 그 경계를 확인할 수 있다. 이 웅덩이들은 물론 기반암이 나올 때까지 파야 하고 기반암에 균열이 나 있거나 풍화되어 있으면 신선한 면이 나올 때까지 파 내려가야 한다. 이때에 기반암은 일반적으로 단단하므로 인지하기가 어렵지 않으나 실제 기반암보다 상위에 있는 단단한 점토질 층을 기반암으로 오인해서는 안된다. 웅덩이에서 파내진 퇴적물들은 모두 납작한 접시나 흔드는 기계에 넣어 씻고 일궈서 내용물들의 양, 종류 및 이들의 색을 깊이별로 기록해야 한다.

시료채취 방법: 잔자갈들 사이에 섞여 있는 큰 자갈의 양을 측정하려고 시료를 퍼서 정확히 측정하기 어렵다. 따라서 일정한 넓이 안의 자갈들 사이에 섞여 있는 큰 자갈들의 숫자를 눈으로 세어서 납작한 접시로 일궈낸 시료들과 비교해 정정하는 것이 정확하다. 예를 들면 50%의 큰 자갈이 보이고 1㎡ 안에 세립질 자갈들이 1,000원에 해당되는 금을 갖고 있으면 이 자갈층의 평균가치는 500원이다. 하지만 큰 자갈들이 씻겨지고 부딪치면서 거역 표면의 세립질 금 입자들이 회수되므로 실제가치는 500원에서 1,000원 사이의 가치를 갖게 된다. 표층의 시료조사에서 발생할 수 있는 오차는 수직 시추공을 이용해 분석함으로써 줄일 수 있다. 시추공을 만들어 시료를 채취하는 방법의 장점은 매우 정확할 뿐만 아니라 동시에 자갈들을 자세히 관찰할 수 있는 기회를 제공한다. 대

부분의 경우에 있어서 경제성이 있는 층준보다 위에 놓여 있는 자갈층은 소량의 금을 함유한다. 이러한 층준은 시료를 채취해 조사함으로써 정확히 확인할 수 있고 금을 함유하지 않은 자갈층을 작업에서 제외할 수 있다. 하안단구 사금광이나 수로의 깊은 부분에서 자갈층의 두께가 6m를 넘으면 시추공을 뚫는 비용이 상승하므로 대규모로 운용할 경우에만 시추할 필요가 있다.

사금광의 가치를 평가하는 데 있어서 이 지역에서 이전에 얻은 모든 가용한 자료들을 검토함은 물론 조건이 비슷한 인접 사금광과도 비교 검토해 보아야 한다. 이때에 과거의 자료를 가능한 활용해야 한다.

시료기재: 시추 자료는 시추시료와 물리검층 자료를 포함한다. 대부분의 시추시료는 암편 시료이므로 퇴적구조를 관찰하거나 연속적인 암질변화를 관찰하기 어렵다. 따라서 물리검층자료의 도움을 받아 보다 정확한 해석을 할 수 있으며 암편시료로부터 가능한 최대한의 정보를 얻어야 한다. 퇴적물은 크기에 의해 자갈, 모래, 실트 및 점토등으로 분류되며 성분에 의해 구분하기도 한다. 이와 같이 크기 및 성분에 의해 주로 이름이 주어지며 실제 기재 시에는 이들 두 가지의 용어를 복합적으로 사용한다. 보다 자세한 관찰을 위해서는 시료들을 에폭시로 고정시켜 박편을 제작한다. 이때 사용하는 시료는 공의 상부에서의 붕락으로 인한 시료의 오염을 막기 위해 직경이 매우 큰 입자는 분석에서 제외한다.

모래: 퇴적물의 직경이 2~0.0625mm 사이인 입자를 모래라고 하며 이들이 돌이 되었을 때固化 사암이라고 부른다. 이것을 관찰하고 기재하는 내용은 광물성분 및 입자의 크기이외에도 입자의 색, 구조, 최대크기, 최소크기, 평균크기, 지지형태, 접촉 상태, 원마도,[13] 분급, 구형도,[14] 성분, 기질 성분, 공극의 형태와 양, 속성물질, 자생성분 및 압밀작용의 정도와 형태 등이다. 암편rock fragment을 기원에 의해 화산암, 변성암, 퇴적암, 화성암의 네 종류로 구분하면 모래나 자갈이 어디에서 왔는지에 대한 정보를 얻을 수 있다. 퇴적물 중 가장 많은 양을 차지하는 석영의 상대적인 양적 변화는 근원암과 운반 과정을 유추하는 데 도움을 준다.

퇴적물에 대한 정확한 기재는 사금 탐사에서 중요하다. 호수에서 발달한 석회암 지대나 화산암 지역에서는 사금광이 형성될 수 없으므로 탐사에서 이들 지역을 배제할 수 있으므로 시간, 경제적으로 탐사비용을 절약할 수 있다.

고하천의 퇴적률과 퇴적경향을 인지하는 데 활용되는 '모래/사암층의 윤회'에 대한 연구는 고하천에 대한 기본적인 자료를 제공해 준다. 1980년대 후반부터 퇴적물의 쌓인 순서를 연구하는 층서 분야에서는 층서기록을 천문학적 매개변수에 관련지으려는 시도가 있어왔다. 즉, 천체의 움직임과 하천이나 호수에 쌓인 퇴적물의 주기성에 연관관계가 있다는 내용이다. 이런 연구에 대해 층서학자들이 관심

---

13) 원마도: 입자들이 서로 부딪쳐 마모되어 둥그러진 것. 원형에 가까울수록 원마도가 좋다고 한다.
14) 구형도: 구球에 가까운 정도. 예를 들면 축구공은 구형도가 높고 럭비공은 구형도가 낮다.

베트남의 사금을 찾아서

을 갖게 된 것은 첫째, 퇴적작용의 반복 양상이 갖는 의미를 설명할 필요가 생겼으며, 둘째, 비슷한 퇴적윤회는 비슷한 시간 간격을 나타내며, 셋째, 천문학적 이론의 논리성에 관계없이 퇴적률과 퇴적경향을 연구하는 데 중요한 자료로 이용될 수 있기 때문이다.

이 분야의 연구를 실제 적용한 윤회 시퀀스 분석은 퇴적작용의 주기성, 퇴적률의 변화, 퇴적양상 등에 대한 정보를 제공하며 퇴적률의 변화는 사금 입자의 집적 가능성을 지시해 줄 수 있다. 이러한 퇴적 반복 형태는 특정 지역에서의 퇴적사건(홍수, 사태 등)에 따라 고유의 형태를 나타낸다. 이러한 결과는 퇴적을 진행시키는 사건에 의해 퇴적률과 경향이 바뀌기 때문이다. 즉, 퇴적사건에 의한 퇴적물의 급격한 유입은 단위 퇴적물에서 두꺼운 조립질 퇴적물 시퀀스로 나타나며, 인접한 지역의 단위 퇴적물에서 시퀀스 두께에는 변화가 있을 수 있으나 퇴적 반복 형태는 같은 양상으로 나타난다. 퇴적물의 공간적인 분포는 지형 변화에 따르고 이는 홍수 등의 퇴적물 공급에 의해 조절된다. 사금 광산의 형성은 지형 및 홍수(유수)의 상호관계에 의해 영향을 받는다. 따라서 사금광 형성에 대한 정확한 이해를 위해서는 이들 상호관계를 나타내는 윤회시퀀스 분석이 필요하다.

자갈: 모래보다 큰 입자를 부르는 말. 사금을 채취하는 곳에는 크기는 다르지만 크고 작은 자갈들이 널려 있다. 이들 자갈을 관찰할 때는 종류별로 크기와 숫자의 변화를 기록하면 여러 정보를

얻을 수 있다. 자갈을 종류별(화산암, 퇴적암, 변성암, 화성암 등)로 구분할 수 없는 경우에는 색깔별로 구분해도 가능하다. 만일 자갈의 크기가 크고 숫자가 많으면 이들을 제거하는 데 비용이 많이 들고 사금 채취 작업하는 데 방해가 될 것이다. 점토가 많이 있어도 점토를 분리하는 데 어려움이 따르며 점토를 씻어 내기 위해 일반적인 사금광에서보다 물을 많이 사용하게 될 것이다. 만일 자갈들의 표면이 깨끗하면 금이 바닥에 가라앉는 데 방해를 받지 않아서 사금광이 쉽게 형성된다. 자갈들 아래에 흑색 모래(중사)가 있으면 금이 있을 수 있는 좋은 단서가 된다. 왜냐하면 흑색 모래를 이루고 있는 광물들은 대부분 금과 같이 비중이 높은 검은 모래로서 유수 내에서 이동 특성이 유사하기 때문이다. 이들은 일반적으로 1㎥의 퇴적물 내에 16kg이 포함되어 있으나 퇴적환경에 따라서 변한다. 흑색모래가 지나치게 많으면 사금 선광기가 잘 막히고 세립질 금을 분리하는 데 어려움이 따른다.

자갈 시료들에 대한 금 순도분석은 거의 하지 않는다. 그 이유는 첫째는 전체 퇴적층의 대표값이 될 만한 시료를 실제로 구할 수 없으며 둘째는 자갈에 대한 순도분석은 우리가 일반적인 방법으로 회수할 수 없는 금의 양까지 나타내므로 실제의 가치보다도 높게 사금 광산에 대한 과대평가를 할 우려가 있기 때문이다. 자갈층에 묻은 사금은 표면이 산화철의 박막이나 다른 오염물질로 덮여 있어 금 입자끼리 서로 모이기가 어려워 작은 조각의 얇고 편평한 형태의 구리빛 혹은 검은색을 띠고 자갈과 함께 산출된다.

사금의 동반자, 검은 모래(중사重沙)

    순수한 사금과 같이 산출되는 광물에는 자연금 이외에도 금의 합금 형태인 캘레버라이트AuTe2, 실버나이트Te2(Au, Ag), 크래너라이트AuTe2, 펫자이트2Te(Ag, Au)가 있으며 비중이 금보다는 낮으나 2.9 이상인 검은 모래가 있다. 이들 검은 모래는 사금과 같이 산출되며 산출량이 사금에 비해 매우 많으므로 탐사 시의 중요한 지표가 되기도 한다. 또한 사금광이나 골재자원 개발 시 유용한 경제광물로서도 중요하다. 검은 모래의 용도는 전자 공업, 에너지 산업, 항공우주 산업, 촉매 산업, 전지, 세라믹, 특수강 및 자성재료로서 매우 다양해 현대 첨단 기술사회에서 없어서는 안 되는 존재다. 국내 연천지역 대동계 퇴적층에 많이 분포하는 지르콘의 경우 원자력발전에 반드시 필요한 희유금속자원이다. 외국의 경우 모래 자갈 등 골재자원을 개발할 때, 모래에서 중사를 분리해 수익을 높이는 경우도 있다. 이외에도 검은 모래에는 준보석 광물들이 많아 섞여 있어 취미로 수집하기도 한다.

검은 모래에는 회중석, 모나자이트, 자철석, 적철석, 황철석, 저어콘, 강옥, 금홍석, 석류석, 황옥, 다이아몬드 등의 광물이 포함되어 있다. 패닝을 하면서 사금과 혼동되는 광물은 노란색의 황화철인 황철석과 노란색 운모류다. 이들을 쉽게 구분하는 방법은 팬을 기울이면서 물을 조금 흘려 주면 비중이 5인 황철석은 금보다 가벼워 흑색모래 띠를 따라서 발견되지만 금은 이보다 위쪽에 따로 놓인다. 황철석은 무른 성질을 가져서 조흔판에 문질러 보면 갈색의 분말 형태를 보이는 반면에 운모는 매우 밝은 색을 보이고 쉽게 부러지며 판상으로 갈라지는 성질에 의해 사금과 쉽게 구분된다.

검은 모래에는 다른 모래들과는 달리 방사성 원소들이 다량 포함되어 있어서 감마선값이 높은 특성을 나타낸다.

Cochraine(1986)와 Langmuir외(1980)에 따르면 퇴적물 내에 토륨은 물에 잘 용해되지 않아 퇴적물 안에 토륨이 집중 된다. 외국의 경우 이러한 특성을 공간적으로 측정해 퇴적물의 이동과정을 밝히기도 한다. 동해의 일부 대륙붕에서 채취된 검은 모래의 경우는 모래 속에 포함된 양이 0.6~9.4%에 이르고 그중 전기석이 감마선 값을 높이는 데 가장 큰 역할을 한 것으로 측정되기도 했다. 하지만 1982년 이바노비치와 하몬에 따르면 일반적인 쇄설성 퇴적물 내 우라늄의 양은 0.5에서 4PPM이지만 유기물이 풍부한 점토퇴적물은 3~1,200PPM이라고 하니 감마선 값이 높다고 검은 모래가 많을 것이란 해석은 조심해야 할 것이다.

비중이 무거운 모래들이 검은색을 띠는 이유는 이들 모래가 주

로 자철석, 산화철, 티탄철석 및 적철석 등 검은색 광물들로 구성
되어 있기 때문이다. 이들은 금보다는 비중이 낮지만 석영보다 굳
기와 비중이 두 배 높은 특성을 갖는다. 자철석은 말굽자석과 같
은 자성체에 의해 쉽게 분리가 되지만 티탄철석은 자성이 없어서
비중에 의해 분리해야 한다.

퇴적물은 비중 2.85에 의해 가벼운(밝은 색) 모래와 검은 모래로
구분이 된다. 검은 모래의 양은 가벼운 모래에 비해 대개 소량 산
출되나 이들이 지시하는 의미는 매우 크다. 그러나 불행하게도 많
은 탐사에서 검은 모래 분석이 이루어지지 않았다. 검은 모래는 기
원적으로는 지역에 따라 차이가 있으며 속성작용에 민감해 지하
수에 의한 속성작용의 변화를 인지 할 수 있고 방사성 원소를 다
량 포함하고 있어 물리검층 자료중 감마레이값에 영향을 줄 수 있
다. 또한 자성광물(자철석, 피로타이트 등)을 포함하고 있어 자력값에
도 영향을 준다. 이와같은 물리적인 특성에 의해 중사광을 탐사할
수 있으며 이들 자료는 간접적으로 사금광의 위치를 지시해 준다.
금속탐지기도 이 원리를 이용해서 보다 광범위하게 이용할 수 있
을 것이다.

검은 모래를 정밀하게 관찰하기 위해서는 4~250마이크론 사이의
크기에 해당되는 입자를 선별하고 불순물과 시멘트 물질을 제거한
다. 그 후 패닝panning이나 브로모폼(비중 2.89) 비중액을 사용해
검은 모래를 분리한다. 입자 크기의 선택 기준은 연구 방향 및 연
구자들에 따라서 다양한 차이를 보이고 있다.

표 4-2. 검은 모래 연구에 사용되는 입자 크기의 범위

Carver	Gravenor and Gostin	Morton	Poppe
1971	1979	1987	1990
125-250μm	75-150μm	63-125μm	4-62μm

　퇴적환경에 따라서 퇴적 입자의 평균크기는 물론 검은 모래 입자의 크기가 조절되므로 일정한 입자분포를 검은 모래 분석에 이용하는 것이 바람직하다. 검은 모래의 입자 크기를 제한함으로서 걸러지는 시료의 입자모양도 제한될 수 있고 광물조성이 변할 수도 있으므로 시료처리 단계에서 입자 크기에 따른 광물성분 변화가 최소화되는 크기의 입자들을 선별한다.

　한반도 주변의 연안에서 사금광에 대한 연구는 없었으나 중사(검은 모래)에 관한 연구는 부분적으로 이루어졌다. 하지만 검은 모래 연구시 사금 입자에 대한 분석이 병행되지 않아 이에 관한 자료는 전무하다. 이들 연구는 주로 수심이 얕은 바다 퇴적물을 대상으로 수행되었다. 최근에는 전기석, 석류석 및 불투명광물의 정량 분석을 통한 근원암 유추(DNA 분석에 의한 친자확인과 유사하게 검은 모래의 아버지를 찾는 과정)가 가능해졌다. 이같은 근원암 또는 공급지에 대한 정보는 사금의 공급지가 될 만한 광맥이 있는지를 유추할 수 있는 정보를 제공해 준다. 바다의 검은 모래들은 한반도 주변 대륙붕에서 많이 산출된다. 심부 퇴적물에 대한 검은 모래 연구는 제5광구와 제6광구의 일부에서 수행되었다. 제5광구의 일부

지역에서 산출되는 투명한 검은 모래로는 인회석, 오자이트, 각섬
석, 녹염석, 십자석, 스펜, 금홍석, 운모, 석회석, 능철석이고 불투
명 검은 모래로는 황철석, 티탄철석, 자철석, 적철석이다. 제6광구
의 일부에서 산출되는 투명한 검은 모래로는 전기석, 저어콘, 금홍
석, 스펜, 운모, 석류석, 중정석, 오자이트, 각섬석, 녹염석, 규선석,
십자석, 코런덤, 암염, 인회석 등이며 불투명 광물로는 황철석, 티
탄철석, 자철석등이 산출된다. 중정석은 산소공급이 부족하고
outer shelf 내지 slope 환경에서 형성된다. 이러한 환경에서 사금
광의 형성은 매우 어렵다.

검은 모래의 표면미세구조에 관한 연구는 이들이 운반되고 퇴적
된 환경을 나타낼 뿐만 아니라 속성작용에 의한 변화를 보여 준다
(그림 4-2).

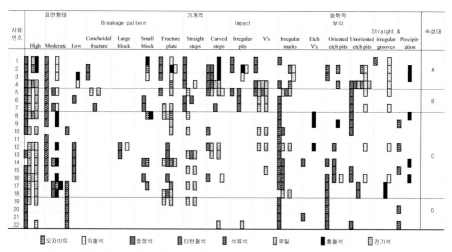

그림 4-2. 검은 모래(중사)의 표면미세구조 관찰에 의한 운반, 퇴적 및 속성작용 인지(권영인, 1998)

이들 검은 모래가 변하는 것은 주변의 온도, 압력, 공극수 및 지하수가 변했다는 기록을 보여 주는 자료다. 예를 보면, 석류석 입자들은 화학적인 부식이 주로 보여지나 간혹 패각상 균열이 보이며 기계적으로 깨어진 조직이 관찰된다. 이들 표면조직은 운반되면서 혹은 용해에 의해 둥그런 모양으로 변한다. 자철석은 대부분의 조건에서 안정하지만 산성환경에서 표면의 부식에는 약하다. 전기석은 잘 발달된 결정면을 갖고 있다. 이들 입자는 다른 광물들과는 다르게 화학적으로 침식된 흔적이 보이지 않으며 기계적 충격에 의한 'V' 모양의 홈이 드물게 관찰된다. 이들은 화학적이나 기계적인 풍화에 대해 전반적으로 안정된 상태를 나타낸다. 침전에 의해 환원환경에서 형성된 황철석은 대부분 팔면체 형태로 형성된다. 그러나 축구공framboidal 형태의 황철석이 형성되기도 한다. 특히 축구공 모양의 황철석은 유기탄소가 풍부하고 세립질 퇴적물이 많은 곳에서 주로 산출되며 또한 이들의 형성은 박테리아의 활동과 관련이 있으며 황화물 환원환경의 중요한 증거다. 중정석 입자는 화학적인 부식에 의한 표면구조가 관찰되며 대부분 괴상 형태를 띠고 있고 드물게 부채꼴모양의 특징을 보이기도 한다. 이 광물은 산소가 부족한 환경에서 형성되었으므로 산출층준이 황철석이 침전된 층준과 일치하면 환원환경임을 지시한다.

자철석은 안정하고 산출범위가 다양해 퇴적물 내에 많이 포함되어 있다. 이들의 성분변화는 공급지 모암의 변화를 지시하므로 최근들어 근원암 연구에 이용되어 왔다. 이들은 비중이 높아(5.2) 퇴

베트남의 사금을 찾아서

적물 내의 상대적인 양이 같은 크기의 다른 입자들에 비해 체질작용이나 퇴적되는 장소의 경사각에 의해 많은 영향을 받는 점에서 사금의 양과도 밀접한 관계를 갖는다.

사금 입자들이 퇴적되는 곳에서는 검은 모래가 다량 포함되어 있어서 높은 감마레이값을 나타낸다. 따라서 이 원리를 이용해 사금광을 찾을 수 있다. 하지만 이 방법은 유기물의 양이 많은 곳에서는 정확하지 않다. 따라서 정확한 사금 탐사를 위해서는 금속탐지기와 감마선 자료를 종합한 복합적인 탐사 방법이 효과적이다. 현재의 하천에서 떨어져 있고 흙으로 덮여 있는 고하천에 대한 탐사는 시추가 가장 좋은 방법이지만 경제적으로 부담이 많이 되므로 이들 방법을 적용하면 저비용으로 사금광 추정이 가능해진다.

국내 중사광의 분포지역은 태백산맥의 서쪽으로 발달한 수계에 집중되어 있고 이는 사금광의 분포지역과 일치한다. 예를 들면 한강, 금강, 영산강, 섬진강등의 지류와 본류의 주변에 발달한 모래 혹은 자갈 퇴적층에 발달해 있다. 해안가를 따라서는 주요 하천과 바다가 만나는 해안선을 따라서 발달함으로서 이들 중사의 공급원이 육상에 노출된 기반암으로부터 유래되었음을 유추할 수 있다. 해안가의 표층퇴적물에서 산출되는 중사광물의 종류는 모나자이트, 저어콘, 티탄철석, 자철석, 석류석 등이 주를 이루고 있다. 검은 모래를 공급해 주는 근원암은 선캠브리아기의 화강편마암과 중생대 쥬라기의 대보화강암 및 백악기의 불국사화강암일것으로 추정된다. 강원도 지역의 경우 고생대 퇴적암으로 덮여 있고 석회암이 넓게 발달해 다른 지역에 비해 중사광상의 발달이 미약하다. 그래서 사금 광산도 발달하기 어렵다. 국내에서 산출되는 경제성이 있는 검은 모래들은 화성암 기원으로 추정되는 모나자이트, 저어콘, 티탄철석, 자철석, 석류석 등이다. 모나자이트의 경우 핵발전소의 연료, 특수강 제작, 텔레비전의 브라운관 제작, 렌즈용 연마재로 사용되어 경제적으로 매우 중요한 광물이다. 이 광물의 원자식은 ThO_2로서 방사성원소인 토륨을 함유하고 있다. 석류석 등은 보석으로도 잘 알려져 있고 장식용으로도 쓰이는 준보석에 해당된다. 티탄철석은 항공기의 각종 부분에 쓰여지고 우주개발산업 심지어 섬유산업에서도 가볍고 우수한 소재로써 이용된다. 저어콘은 원자로에 사용되는 핵연료의 피복제 또는 노심의 구조제로서 이용될 뿐만 아니라 특수합금을 제작하는 데도 유용한 광물이다. 검은 모래는 많은 광종들이 방사성원소를 포함하고 있어 이들 원소로부터 방출되는 감마선의 양이 강하게 측정된다.

베트남의 사금을 찾아서

사금 선광기의 원리와 활용

선광기는 금을 모으는 가장 중요한 장치이므로 사금 채취자들은 이 간단한 장치의 효율성과 기능을 잘 이용하면 효과적으로 사금을 채취할 수 있다. 선광기는 망치와 톱만으로도 만들 수 있을 정도로 간단한 장비이므로 만드는 데 기술을 필요로 하지 않는다. 선광기는 한사람이 조작할 수도 있다. 선광기는 보통 열 시간에 2.3~3.8㎥의 퇴적물을 처리할 수 있다. 이것은 패닝panning에 의해 처리할 수 있는 퇴적물의 양보다 약 여섯 배의 효율이 있다. 따라서 패닝으로는 경제성이 없는 사금 광산도 선광기를 이용함으로서 경제성을 맞출 수 있다.

선광기의 형태와 크기는 매우 다양하지만 필수적인 것은 상자, 체, 물결 홈 등이다. 상자는 퇴적물들을 담기 위한 그릇이고 앞으로 처진 부분은 조립질 금을 모으기 위한 장치이고 물결모양의 홈은 중사와 세립질 금을 모으기 위한 장치다. 선광기의 크기는 제한이 없다. 가로의 길이를 1.2~1.5m로 하면 세로가 46㎝, 높이가 60

㎝가 되면 사금을 분리하기에 적당한 비율이다. 선광기의 길이가 짧을수록 비중차에 의해 입자들을 분별하는 과정이 짧으므로 세립질 금을 모으기가 어렵다. 또한 선광기를 높이 설치하거나 높이가 큰 선광기는 퇴적물이나 세척수를 퍼 올리는 데 보다 많은 힘을 필요로 하기 때문에 비효율적이다. 선광기를 만들때 사용하는 목재는 옹이가 없고 갈라지지 않은 미송을 사용하는 것이 바람직하다. 바닥재는 한 덩어리의 판을 사용하는 것이 물결 홈을 세척하는 데 편리하다.

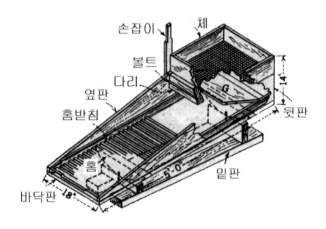

그림 4-3. 선광기의 형태(Boericke, 1936)

선광기 제작에 있어서 가장 중요한 것은 퇴적 입자들이 분리되는 데 가장 적당한 경사각과 물결홈의 배열이다. 이것은 하천에서 사금광이 형성되는 원리와 같으므로 탐사지역에 맞는 조건을 찾도록 해야 한다.

선광기에 퇴적물을 넣어 주는 깔때기 상자는 단면이 46㎝이고 체위로 10㎝가 올라와 있으면 27~34kg의 퇴적물을 담을 수 있다. 깔때기 상자의 바닥에는 1~2㎝ 크기의 철망을 고정한다. 깔때기 상자를 받쳐 주는 쐐기모양의 지지대(그림의 '다리')는 약간의 각도를 주어 선광기에 부착한다. 퇴적물을 선별하는 역할을 하는 처진 부분은 깔때기 상자의 아래에 약 40도의 각도를 갖게 위치한다. 아래쪽 부분은 하부의 가로막대를 약간 지난 부분까지 연장한다. 격자(G)는 선광기에 끝에 공간을 조금 띄고 붙여서 깔때기 상자로부터 조립질 금과 검은 모래가 모이는 부분을 만든다. 처진 부분은 쉽게 분리될 수 있도록 해 검은 모래가 모이는 부분의 내용물들을 꺼내어 패닝 작업을 하면 효과적이다. 선광기의 바닥 널빤지에는 각목을 널빤지 폭의 길이로 배열한다. 바닥판 위에 각목 홈으로 덮는 대신에 아래쪽 반은 카페트나 매트로 하고 위쪽은 홈을 만들어도 된다. 바닥판의 배열은 사금의 회수율이 가장 높고 퇴적물을 많이 담을 수 있는 효과적인 형태이면 된다. 이러한 선광기는 기성품도 있지만 현장의 지형과 널빤지를 이용해 적당한 경사각을 만들어 주어도 가능하다.

선광기를 운영하는 것은 물의 공급과 유속을 조절하고 경사를 맞추고 퇴적물을 씻어 내는 것을 반복해 보면 혼자서도 충분히 배울 수 있다. 여러 종류의 퇴적물을 다루는 것은 약간씩 다른 조정을 필요로 한다. 선광기를 운영하는 데 중요한 것은 물이 공급될 수 있도록 물과 인접한 곳에 놓여져야 하고 깔때기 상자에 3/4 정도의 퇴적물을 넣은 후, 물뿌리개로 퇴적물 위로 물을 부어서 선광기를 흔들어 작은 입자들이 체를 통과해 경사판으로 내려가도록 하는 것이다. 물을 계속 공급하면서 점토를 으깨어 주면 사금과 퇴적물이 분리가 된다. 대부분의 회수되지 못하는 금 입자들은 점토의 흡착력에 의해 주로 점토 덩어리에 포함되어 있는 것들이다. 체를 통해서 세립질 퇴적물들이 더 이상 공급되지 않고 자갈들이 깨끗이 씻겼으면 상자를 들어 자갈들을 버린 후, 다시 새 퇴적물을 넣는다. 수백 킬로그램의 퇴적물이 통과한 후, 경사판을 제거해 조립질 금과 비중이 무거운 광물들을 회수하고 팬에 넣어 마지막 회수작업을 수행한다.

선광기의 홈은 경사판보다는 드물게 세척을 해 주면 된다. 3, 4회의 선광 후, 한 번씩 세척하면 충분하다. 깔때기의 자갈을 버리고 선광기를 흔드는 동안 물을 계속 공급하면 가벼운 모래와 홈의 아랫부분에 모인 중사들이 씻겨 나갈 것이다. 중사와 세립질 금은 홈에서 솔로 빼내어 팬에 담아 완전히 분리시킨다. 담요나 마대가 홈 대신에 사용되었으면 조심스럽게 들어서 물통에 넣고 흔들어 금가루를 회수한다. 홈이나 격자 내에 중사가 덮여 있으면 세립질 금 입자가 이들 위로 미끄러져 달아나기 때문에 중사가 쌓이지 않게 주의해야 한다. 퇴적물 내에 검은 모래의 양이 많으면 선광기의 경사각을 높여서 검은 모래가 많이 쌓이지 않도록 한다. 적당히 경사각을 높여 검은 모래 입자들이 요동할 수 있는 최소각을 유지하는 것이 바람직하다. 이 각도는 물의 공급속도, 점토의 양 및 금 입자의 크기와 관련이 있다. 만일 검은 모래가 쌓이지 않는다면 경사각을 낮추어야 세립질 금을 회수할 수 있다. 점토가 완전히 분리되지 않아 퇴적물을 덩어리지게 하면 경사각은 높아져야 하나 세립질 금의 회수율은 낮아지므로 초기 과정에서 점토를 분리해야 한다.

선광을 하기 위해 필요로 하는 물의 양은 퇴적물의 성질에 따라 다르다. 일반적으로 190ℓ에서 380ℓ의 물이 0.8㎥의 퇴적물을 처리하기 위한 양이며 시간상으로는 열 시간 동안 190ℓ에서 380ℓ의 물을 사용한다. 물은 계속해서 안정적으로 공급되어야 하며 갑자기 물의 양을 늘이면 선광기 안에 홈에 있는 사금 입자들이 떠내려간다. 일반적으로 선광기에 물을 공급하기 위해 시설을 갖추기보다 물가로 선광기를 이동시켜 사용하는 것이 보다 효율적이다. 만일 주변에서 공급할 물의 양이 적으면 이용된 물이 웅덩이로 들어가 세립질 퇴적물들이 가라앉도록 하고 이 물을 다시 끌어올려 재이용할 수 있다. 선광기안으로 물을 일정하게 공급하기 위해서는 선광기 위에 물탱크를 설치함으로써 물이 일정하게 흐르게 할 수 있다.

점토는 물을 충분히 흡수하면 다른 퇴적물들과 쉽게 분리가 되므로 점토를 많이 함유한 퇴적물이 있을 때, 선광기 위의 깔때기에 넣기 전에 큰 통에 물을 넣고 여기에 미리 퇴적물을 담갔다가 선광기에 넣으면 분리가 용이하다. 점토가 선광기의 바닥에서 층을 이루면 금이 가라앉는 것을 방해할 수도 있다. 일부 업자들은 세립질 금을 회수하기 위해 수은을 선광기 홈의 하단 부에 놓기도 하지만 금가루가 점토질 퇴적물과 섞여 있으면 아말감화 작용이 효과적이지 않고 수질오염을 일으키므로 사용하지 않아야 한다. 점토를 완전히 제거하기 위해서는 많은 시간이 소요되므로 경우에 따라서는 물의 공급을 많이 하고 경사판의 각도를 높여 빠르게 처리함으로서 일부 세립질 금은 회수할 수 없겠지만 오히려 경제적이고 효율적일 수도 있다.

전세계 사금 생산의 대부분은 물을 이용해 자동으로 금을 고르는 세광기洗鑛機에 의해 이루어진다. 세광기를 만드는 데는 다소 비용이 들고 한 장소에서 일정 기간을 작업해야 하므로 우선 준비하는 데 필요한 비용을 회수할 만큼 퇴적물 내에 사금이 많이 포함되어 있는지와 작업비용을 지불하고도 이익을 낼 수 있는지 확인해야 한다. 또한 적절하게 세광용 물을 공급할 수 있는지 알아보는 것도 중요하다. 충분한 물이 공급될 수 없으면 세광에 의해 사금을 회수하는 방법은 불가능하거나 매우 어렵다. 패닝panning이나 선광에서 사용되는 물과는 다르게 세광공정에서는 주변 조건이 특수하지 않으면 사용된 물을 재활용 할 수 없다. 더욱이 다른 방법에 의해 사용되는 물의 양이 하루에 수 통인데 비해 세광은 최소 1분당 19ℓ의 물을 필요로 한다. 예를 들면 24시간 동안 38㎡의 퇴적물 내에 포함된 사금을 세광하려면 분당 950ℓ에서 1140ℓ의 물이 필요하다. 이 정도의 양은 펌프에 의해 3in 직경의 파이프로 계속적으로 공급되는 물의 양과 같다. 만일 점토질이 포함된 퇴적

베트남의 사금을 찾아서

층의 경우이거나 10㎝보다 큰 자갈들을 많이 포함한 경우에는 더 많은 양의 물이 퇴적물을 씻어 내는 데 필요하다. 이러한 유수의 양을 평가하기 위해 수로의 단면 폭과 깊이를 측정하고 유수의 속도는 스치로폴이나 나무조각 같은 부유성 물건을 물에 띄워 단위 시간당 흘러간 거리를 줄자로 재어 추정하면 된다. 앞에서 얻어진 수로의 단면과 유속을 곱해 이 값의 75%를 취하면 이 결과는 공급된 분당 ㎥의 물량을 의미한다.

세광작업을 위해서는 적절하게 물을 공급하는 것 이외에도 유속이 너무 낮아 물과 퇴적물이 홈통에서 막히거나 유속이 너무 높아 세립질 금이 가라앉지 않고 이동하지 않도록 적당한 경사각을 만들어야 한다. 최적 경사각을 구하기 위해서는 첫째, 모래와 점토의 비율이나 시멘트화 등과 같은 퇴적물의 성질, 둘째, 자갈이 구형이거나 접시 모양 등과 같이 자갈의 크기와 형태, 셋째, 금의 성질 및 크기, 네째, 흑색모래의 양, 다섯째, 세광기안 홈의 모양, 여섯째, 가용한 물의 양 등을 고려해야 한다. 따라서 적절한 경사각을 예측하기는 쉽지 않다.

대부분의 경우에 3.6m 길이의 세광통에 대해 15㎝의 경사(약 4%)가 대부분 적합하지만 홈에 점토가 쌓이는 것을 방지하기 위해서 23~30㎝까지 높이기도 한다. 시멘트화된 퇴적물에 대해서도 같은 원리가 적용되고 이들 퇴적물은 덩어리져 있으므로 세광기를 따라 낙차를 몇 번 만들어 퇴적물을 분쇄할 수 있다. 조립질 퇴적물들은 4~7%의 경사각을 필요로 하므로 사용되는 물의 양도 증가

한다. 물의 양이 한정적으로 공급될 때 경사각이 증가하면 표준형 세광기의 폭(30㎝)에 비해 넓은 폭을 갖는 것을 사용할 필요가 있다. 반대로 경사각이 낮으면 퇴적물들이 잘 움직일 수 있도록 좁은 폭을 갖는 세광기를 사용해야 한다.

세광기의 경사각은 앞쪽에 위치한 세광기, 즉 퇴적물이 내려오는 쪽의 세광기 경사각보다 낮아서는 안되며 만일 앞쪽보다 낮으면 유속이 낮아져 퇴적물이 쌓여 홈을 막게 되므로 세립질 사금을 회수하기가 어려워진다. 일반적으로 세광기의 경사각이 지나치게 낮은 것보다는 오히려 높은 것이 사금회수에 유리하지만 3.6m 통에서 경사각이 33㎝보다 높은 것은 조립질 사금을 제외하고는 모두 운반해 버릴 것이다. 만일 지반의 경사각 자체가 너무 낮아 세광하기에 충분하지 못하면 세광기가 놓인 하류 방향의 지층을 파거나 상류방향으로 놓인 세광기를 높여서 경사각을 증가시킨다. 하지만 세광기를 높여서 경사각을 증가시키는 방법은 퇴적물을 삽으로 퍼서 세광기에 넣는데 추가로 노동력을 필요로 하므로 바람직 하지 않다.

표 4-3. 3.6m 세광기의 경사각

밑변	높이	경사 %
3600㎝	15㎝	4.16
3600㎝	20㎝	5.55
3600㎝	25㎝	7.0

베트남의 사금을 찾아서

실제로 사금 채취 작업을 할 때 유용한 세광기의 길이, 유수의 깊이, 경사각, 유량 및 유속간의 관계를 도표화하면 아래와 같다.

표4-4. 세광기의 길이, 유수의 깊이, 경사각, 유량 및 유속간의 관계

세광통의 폭 (cm)	유수의 깊이 (cm)	경사각 (%)	유량 (리터/분)	유량 (Miner's Inches)	처리가능 퇴적물의 양 (㎥/일)
25.4~30.5	15.2~17.8	4.1	1,274	30	51~103
30.5~35.6	25.4	6.2	2,832	66	114~303

사금을 채취하기 위해서는 물의 운반력에 대한 지식을 갖고 있어야 한다. 물의 운반력은 유속에 따라서 크게 변화한다. 전문용어로는 임계유속이라고 하며 앞에서 언급되었었다. 필요로 하는 세광기의 길이는 여러 가지 요인에 의해 조정된다. 사금의 입자 크기가 조립질에서 중립질 사이의 크기이면 3~6개의 세광기 (11~22m 길이)가 90% 혹은 그 이상의 사금을 회수할 것이다. 확률상 75%의 금이 첫 번째 상자에서 회수된다. 사금의 입자 크기가 세립질이면 상자의 길이가 더 길어져야 하지만 소규모 경영에 있어서 많은 양의 세광기를 사는 데 돈을 쓰는 것은 현명치 못하므로 세광기의 수를 줄이는 대신에 마지막 처리는 패닝에 의해 분리하는 것이 경제적이다.

세광기로 세립질 사금을 회수해야 하는 경우에는 마지막에 놓인 세광기의 형태를 변형시킬 필요가 있으며 안정정인 유수의 형태를

갖고 있는 저류undercurrent를 사용하거나 다른 배열형태의 홈을 이용한다. 종종 긴 길이의 세광기를 이용해야 하는데 이는 금을 더 많이 회수하려는 의도보다는 사금을 회수하고 남은 퇴적물들을 적절한 위치에 쌓아놓기 위해 필요하다. 퇴적물이 주로 모래로 구성되어 있으면 쉽게 분리되기 때문에 사금을 회수하기 위해 좁고 낮은 세광기로도 충분히 가능하다. 이때 사금 입자는 홈의 뒷부분에 집중된다. 시멘트화된 퇴적물이나 점토질이 많이 섞인 퇴적물은 많은 수의 세광기가 필요하고 상자들간에 낙차를 주어 퇴적물들이 떨어지면서 부서지기 쉽게 해야 한다. 세광기를 배열할 때는 가능한 직선형을 유지하도록 해야 한다. 약간 곡선형으로 세광기가 배열되면 이들의 경사각을 증가시켜야 한다. 세광통 안으로 공급되는 퇴적물의 양이 급격한 변화를 보이는 것보다 일정하게 공급되면 작업이 보다 효율적으로 이루어질 수 있다. 삽이나 손수레를 이용할 경우 일정하게 퇴적물을 공급하는 것은 쉽지 않으며 대개 퇴적물이 몰리게 되므로 홈을 막거나 가벼운 금 입자들이 이 위를 타고 넘어가게 된다. 이러한 문제점을 해결하기 위해 첫 번째 세광통 전에 점토통을 설치하는 것이 일반적이다. 이러한 점토통은 세광통보다 입구를 넓게 만들어 첫 번째 세광통에 맞게 조절한다. 이때 점토통보다 첫 번째 세광통이 약 30㎝ 정도 높게 위치시킨다. 퇴적물은 점토통 안으로 넣어져서 유입되는 물에 의해 세척된다. 크기가 큰 물질이나 자갈등은 표면이 씻겨지고 나면 한쪽으로 버린다. 점토질 물질들은 점토통안에서 부서지고 이겨지며 점토통은 연결된 세광통에 비해 경사각을 7~8%로 크게 준다. 세광통은 일종의 광물 세탁기다. 이것은 형태가 단순하므로 널빤지로 삼면을 대고 못질해 만들거나 PVC 파이프를 잘라서 이용할 수 있다. 하지만 일부 외국의 전문상점에서는 세광기를 판매한다. 세광통의 길이는 보통 3.6m이고 넓이는 15~90cm에 이르며 깊이는 25~28cm이다. 사용되는 재료는 편평하고 옹이나 균열면이 없어야 한다. 두께는 2.5~3.8cm가 적당하다. 목재의 면은 반질한 쪽이 세광통의 안쪽으로 향하도록 한다. 가장자리 부분은 면이 깨끗하고 못이 튀어나와 있지 않아야 한다. 통에는 작은 구멍이 생기지 않게 해서 가는 금 입자가 새어 나가지 않도록 해야 한다. 만일 구멍이 발견되면 물이 새지 않도록 막는다. 2×4in의 각목이 지지목으로 적당하고 이 지지대들은 1.2m 간격으로 배열하고 1×3in의 각목을 대각선으로 대 준다. 이 지지대는 세광통을 받쳐 주고 경사각을 조절해 주는 역할을 한다. 세광은 보통 길이가 3.6m인 세 개 이상의 홈통을 필요로 한다. 정확한 홈통의 개수는 금입자의 크기나 퇴적물의 성격에 따라서 변한다. 세광통을 만드는 데 드는 비용은 얼마 안되지만 지형이 가파르거나 접근하기 어려운 곳에서 사금을 채취할 경우에는 운반비용이 많이 들기 때문에 운반비를 고려해야 한다. 긴 홈통은 물이 충분치 않거나 홈통을 만들 목재가 적거나 세광통에 경사를 주기 어려울 때 사용되는 변형된 세광방법이다. 퇴적물 처리능력은 세광통을 줄지어놓는 방법에 비해 떨어지나 물이 적은 지역에 적합하다. 하지만 선광기보다는 많은 양의 물을 필요로 한다. 긴 홈통으로 열 시간 동안에 두 사람이 2.3~4.6㎡의 자갈퇴적물을 처리할 수 있다. 적절하게 조정하면 점토질이나 약간 시멘트화된 퇴적물로 부터 세립질과 조립질 사금을 동시에 회수하는 데 효과적이다. 긴 홈통은 두 부분으로 구성되었고 상위의 세광통은 길이가 3~3.6m이며 이 통의 끝 부분에는 3/8에서 0.5in 크기의 구멍난 철판이 45도의 각도로 고정되어 있다. 이 철판은 조립질 자갈들이 홈통으로 들어가지 않도록 하는 역할을 한다. 세광통 안으로 퇴적물을 삽으로 퍼올리고 나면 파이프를 통해 일정하게 물을 공급한다. 퇴적물을 갈퀴나 포크형태의 기구들로 문질러 퇴적물이 분리되도록 하면 세립질 퇴적물들은 구멍난 철판을 통과하고 나머지 조립질 자갈들은 삽으로 퍼서 버린다. 이렇게 함으로서 구멍이 막히는 것을 방지한다. 구멍을 통과한 퇴적물들로 부터 사금 입자와 중사를 모아서 패닝해 처리한다.

수돗물은 정화장에서 강물을 끌어올려 물속에 섞여 있는 기타 물질들을 침전시킨 후, 소독해 보내 주는 것이다. 따라서 정화장에서는 물속의 부유물들을 보다 빨리 침전시키기 위해 수영장만 한 물통 속에 물결모양의 슬레이트 구조물을 넣어줌으로서 침전속도를 수 배 빠르게 한다. 마찬가지로 사금 채취에 있어서도 이러한 물결 홈을 사용함으로써 보다 효과적으로 사금 입자들이 모이게 하는 것이 물결홈riffle이다. 하천에서 사주나 통나무 등과 같이 유수의 흐름을 방해하는 장애물에 의해 사금 입자들이 쉽게 집적된 것을 알 수 있듯이 정확하고 효과적인 홈의 배열은 사금을 회수하는 데 중요한 역할을 한다. 홈은 몇 가지 역할을 갖고 있다. 그 중 가장 중요한 역할은 사금 입자가 모일 수 있는 패인부분을 형성하고 흩어지지 않도록 해서 나중에 회수될 수 있도록 해 준다. 또한 자갈이나 모래가 홈 위를 타고 넘어가는 시간을 늘림으로써 사금 입자가 가라앉기 쉽게 해 준다.

장대 홈: 세광통에는 많은 형태의 홈이 사용되나 가장 일반적으로 사용하는 홈은 장대 홈이다. 이것은 3~4in의 각목으로 약 1m 길이로 잘라 옹이를 없애고 만든다. 이것은 3.6m의 세광통에 세 개가 소요된다. 장대 홈은 조립질 사금을 모으기에 적당하지만 세립질 사금에는 효과적이지 못하다. 장대 홈을 부착한 세광통은 최소한의 물로 최대한의 퇴적물을 처리할 수 있지만 장비가 쉽게 마모되어 자주 교체해야 하는 단점이 있다.

토막 홈: 토막 홈은 2x2in 두께의 7.5㎝ 길이 각목으로 만들어지며 바닥 판에 꽉 붙을수 있는 마르지 않은 소나무가 좋다. 각각의 토막 사이는 3/4in 간격을 유지해야 하고 두 번째 줄에 있는 토막들은 앞줄의 토막 사이를 빠져나오는 유수가 부서지도록 배열해야 한다. 토막들은 1in 널빤지에 못으로 고정해 세광통에 가로 방향으로 고정한다. 토막 홈들은 유수의 흐름을 방해하고 물결치게 하지만 퇴적물들을 분리하는 데 효과적이지는 못하다. 이들은 장대 홈에 비해 큰 경사각을 필요로 하고 쉽게 마모되지만 쉽게 교체할

수 있고 사금이 잘 모이는 경향을 보인다.

암석 홈: 암석 홈은 적당한 암석을 쉽게 구할 수 있을 때 사용한다. 세광통에 1m 간격으로 가로막대가 고정되고 넓적한 7.5㎝ 높이의 암석들을 구해 공간을 채운다. 이 방법은 쉽게 마모되지 않고 시멘트화된 퇴적물을 세광하기에 적합하나 세척하기 위해 치우는 데 많은 시간을 소요하고 세립질 사금 입자를 이들 암석으로부터 씻어서 분리하는 데 많은 시간을 요한다. 또한 어느 다른 홈보다도 많은 양의 물과 높은 경사각을 필요로 한다.

가로 홈: 단순한 형태의 가로 홈은 1×2in 혹은 1×3in의 막대를 세광통 넓이 만큼의 길이로 잘라서 세광통의 바닥에 못으로 고정시키는 것이다. 이것은 설치하기가 쉽고 모래를 홈에서 제거하기가 용이하다. 이들은 선광기나 긴 홈에서 주로 사용되고 홈사이의 간격이 넓어서는 안된다. 가로 홈을 변형시킨 지그재그형 홈은 가로홈을 세광통의 넓이 만큼 하지않고 짧게 바닥에 고정한 것으로 씻어 내기는 불편하지만 세립질 사금을 회수하는 데 유용하다.

사금 광산의 종류

사금광상은 사광상에 속하고 사광상은 기계적인 작용에 의한 퇴적광상에 속하며 화학적 침전광상, 증발암 광상 및 유기적 퇴적광상과 함께 퇴적광상의 한 부분을 이룬다. 여기서 우리가 흔히 혼동하는 것은 사광砂鑛, sand deposit과 사광砂鑛, placer deposit으로 한자漢字까지 동일하다. placer deposit은 물리적이나 화학적인 풍화에 강해서 남아 있던 광물 입자가 물에 의해 물리적으로 운반되어 다른 장소로 이동하고, 그중 일부 광물만이 선택적으로 퇴적된 후, 집적되어 생긴 광상을 의미한다. sand deposit은 입자의 크기가 모래인 광상을 지칭한다. 사금 광산의 크기는 이들이 형성될 당시의 퇴적조건과 밀접한 관계를 갖고 있다. 예를 들어 사주沙柱나 하구河口의 하상河床에서 형성되는 사광의 경우 주로 렌즈 형태로 사금이 집적되고 그 크기는 수십 미터 내외다. 반면에 하곡이나 해안을 따라서 발달한 사광의 경우 수 킬로미터에서 수십 킬로미터까지 발달한다.

하안단구河岸段丘는 계곡을 채우는 충적퇴적물이 벤취 형태로 남아서 형성된 것으로 이러한 장소에 주로 유용한 광물자원이 퇴적된다. 이들이 나타나는 지역은 과거에 이 지역으로 고古하천이 흘렀음을 나타내며 하류로 가면서 경사가 낮아지는 특징에 의해 바닷가에서 형성되는 해안단구와 구분할 수 있다. 하안단구의 단면상에서 계곡의 양쪽면에 이러한 퇴적층이 발달하면 하천 바닥면의 침식이 어느 정도 유지되었음을 암시하며 한쪽면에만 발달하면 사행하는 계곡의 형태에 의해 침식이 한 부분씩 진행되었음을 추측할 수 있다. 일반적으로 사금 입자들은 낮은 지역에 발달한 하안단구에 많이 집적되고 범람수위면보다 높은 지역에 발달한 범람원 퇴적물 내에는 거의 집적되지 않는다.

해안가에 형성되는 사금광은 계속적인 침식작용에 의해 가벼운 퇴적물을 운반해 감으로서 무거운 광물들만 남아 발달한다. 태풍과 같이 높은 에너지가 영향을 주면 해안가의 사광상이 형성되기에 좋은 조건을 제공한다.

해성 사광상은 대부분 육상에서 형성되어 해수면 아래로 가라앉아 형성된 경우가 많다. 실제로 지금의 해안선의 형태는 지금부터 약 5,000년 전 후기 홀로세의 해침에 의해 만들어진 모습을 보여 준다. 지금으로부터 약 2만 5,000년 전에 시작된 해수면의 상승은 백여 미터에 달하며 지구상 육지표면적의 20%를 바다물로 덮어 버렸다. 따라서 대륙붕에서 발견되는 2만 5,000년 이전의 사광상들은 지표에 노출되어 있었다고 생각할 수 있다.

바다와 육지가 만나는 전이대에서 형성되어 바다 밑에 잠긴 사광상들은 주로 검은 모래를 포함하고 있다. 바다 밑에 잠긴 계곡에는 일반적으로 가장 하부에 기반암이있고 그 위를 해성퇴적물, 충적퇴적물, 해성퇴적물, 충적퇴적물의 순서로 덮고 있다. 이 곳에서 사광상의 형성은 주로 기반암 상부나 충적퇴적물내에서 발달하고 해수면이 장기간 동일하게 유지된 시기의 해성 퇴적층에는 발달하지 않는다. 이러한 해석은 퇴적물의 공급지나 침식작용등과 같은 조건이 동일한 경우에만 해당된다.

사금광의 형성이 수직으로 형성된 암맥 지점이라면 금은 매우 소량 모였을 것이다. 이 경우에 사금이 가장 집중된 곳은 암맥의 표면일 것이며 깊어질수록 그 양은 줄어들 것이다. 이와 같은 금의 산출은 산악 지대나 고원지대에서 일반적이며 이를 잔류 사금광이라 부른다.

전형적인 잔류 사금광은 동부 니카라구아에서 발견되었다. 잔류 사금광은 깊이가 얕고 소량의 금이 집중되어 있어 매우 드물게 나타나며 작업 조건이 어려워 지표에서 깊이 들어갈수록 실패할 확률이 높다.

여러 형태의 사금 광산이 강이나 하천을 따라서 형성되지만 하안단구형 사금광은 하성에서 형성된 사금광의 대표적인 형태다. 하안단구형 사금광은 현재의 하천 수위보다 수 미터 높은 지역에 위치하고 하천에서 퇴적된 자갈 퇴적물들을 갖고 있다. 이러한 현상은 이들이 오래전에 형성된 하천이며 지금은 물에 잠겨 있지 않고 이들에 의해 형성된 퇴적층 사이로 새로운 현재의 하천이 발달한 것을 나타낸다.

사주bar 사금광은 큰 강에서 강의 수위가 올라갔다가 내려오면서 강수면 위로 노출된 경우에 형성된다. 이들은 같은자리에 고정되어 있지 않고 계속해서 하류 방향으로 이동한다. 사금 입자는 하천 상류방향으로 발달한 사주의 끝부분에서 발견된다. 이들 입자는 매우 세립질이나 균일하게 분포되어 있다. 일반적으로 하류 방향의 사주에 비해서 상류방향의 사주에 포함된 사금이 더 풍부하다. 세립질 사금은 사주의 윗부분으로 이동해 넓게 퍼지기도 하며 이러한 현상은 하천에서 사금광을 찾기 위한 단서로 이용될 수 있다.

베트남의 사금을 찾아서

부록

국내의 사금

한국의 사금 광산에 대해서

우리나라에도 사금 광산이 존재하는가? 이 질문에 대한 답은 일 제강점기의 자료에서 확인할 수 있다. 1939년도 연간 금 생산량이 31,173kg에 달했고 당시에는 금광뿐 아니라 사금 광산의 숫자도 100여 개나 되었다고 한다(그림 부록 1). 한국의 금광에 대해 언급 한 가장 오래된 외국 문헌은 네덜란드인인 요안 니위호프가 쓴『동 인도회사 중국기』일 것으로 추정된다. 이 책은 유럽인들에게 최초 로 한국을 소개한 책으로 알려진『하멜 표류기』가 출간된 1668년 보다 시기적으로 3년을 앞서 있고 한국에는 인삼 및 금광이 매우 많은 것 특이하다고 적었다.

베트남의 사금을 찾아서

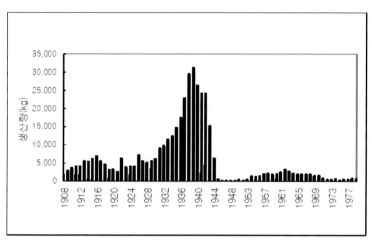

그림 부록 1. 국내 금 생산량 (1946년도 부터의 금 생산량은 남한의 생산량만을 표시)

국내의 사금광은 주로 충적 사금광상에 속하며 홍수에 의해 형성된 범람원 퇴적층이나 하천 수로의 하위에 놓인 퇴적층에 주로 집적되어 있다. 김원조(1969)에 의하면 금을 공급해 주는 광맥으로부터 가까운 곳에 퇴적되는 잔류사금광도 과거에는 많이 있었으나 현재는 거의 없는 실정이다. 그에 의하면 사금광 부존지대를 천안성환 지구, 김제금구 지구, 청주부여 지구 및 영종도 지구 등 네 지역으로 구분했다.

사금광이 형성되도록 사금을 공급해 주는 원 금광의 성인에 대한 연구결과들은 후기 쥬라기의 화강암 관입에 의해 원 금광이 형성된 것으로 해석했다. 따라서 강원도나 경상도 지역의 경우 양호한 원 금광의 발달이 미약하다(그림 부록 2). 그 결과 이들 지역에서는 사금광도 발달하지 못했다(그림 부록 3). 원 금광의 위치와 사금 광산의 위치가 대략 일치하므로 사금을 찾기 위해서는 원 금광의 위치를 아는 것이 필요하다.

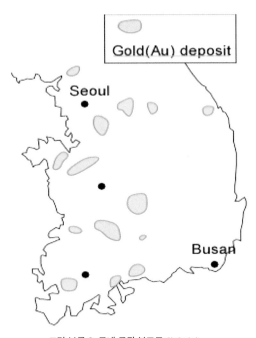

그림 부록 2. 국내 금광 분포도(황색 지역)

베트남의 사금을 찾아서

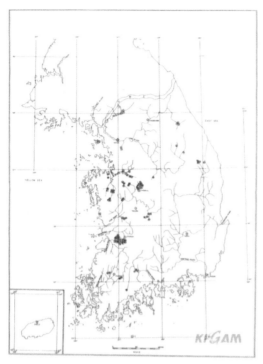

그림 부록 3. 국내 사금광산 분포도(김임호 외, 1988)

일제강점기에 국내 금 생산은 활발했으나 그 이후 경제성이 맞지 않아 개발되지 못했다. 일부 보고서에 의하면 국내의 금을 함유한 암석의 매장량은 확인된 것만으로도 톤당 8.0g의 금을 함유하고 있는 경제성 있는 광을 기준으로 1,580만t에 달하는 것으로 추정된다. 이는 순금 1백20t 이상을 생산할 수 있는 규모다. 이 수치는 다소 과장된 면이 있지만 국내에 부존된 사금의 양이 적지 않을 것임을 알려 준다. 사금 광산의 경우는 전국적인 규모의 매장량을 정확히 확인할 만한 자료가 없어 현재의 실제 매장량을 추정하기는 어렵지만 일부 지역인 충남 홍성군 홍북면에 위치한 금마천 광산의 경우 1938년도 생산량이 152kg(순도 99.9%)이었고 품위는 1㎥당 4.2g에 해당되며 확정매장량은 4,765만㎥, 추정 매장량은 21,717만㎥에 달한다. 이중 일부는 채취되었으나 아직까지 채취되지 않은 사금의 양도 존재한다. 1998년 초에 충북 음성군 금왕면의 무극광산은 국내에서 원광석으로부터 금을 추출한 마지막 광산이란 기억을 남겨 두고 광산 문을 닫았다.

국내 사금 연구

    국내에서 사금과 관련된 연구는 대부분 80년대 초까지의 지질, 자원과 관련된 학회지나 한국자원연구소 보고서(한국지질자원연구원의 전신)에서 찾을 수 있다. 이들의 연구 내용은 크게 세 가지로 분류가 될 수 있다. 첫째는 사금의 산출량에 대한 정보다. 이것은 특정 광구지역에 대한 시추를 실시해 공간적인 사금의 분포 양상을 보여 준다. 이들 보고서는 산출량이 어떤 이유로 해서 조절되었는지를 설명해 주지 않아 일반인이 이 자료를 근거로 사금 채취를 하러갈 때, 어느 곳에서 찾아야 하는지 모르는 단점을 갖고 있다. 둘째는 사금 채취 방법에 대한 연구다. 이들 연구는 장비를 이용한 개발방법을 소개하고 있어 사금 입자들이 집중되는 원리를 알 수 있으므로 소규모의 사금광 운영자나 취미 삼아 해 보려는 사람에게도 귀중한 내용이다. 셋째는 주로 사금과 같이 산출되는 중사(검은 모래)에 관한 연구다. 이들 연구는 사금광 탐사에 대한 간접적인 정보를 제공해 준다. 하지만 이러한 정보가 일반인들이 사금을 찾고 캐내는 데 활용되지 못하고 있다. 이들 연구 내용들을 이해하면 사금을 찾기 위해 어느 곳으로 가야 하는지 알 수 있다.

베트남의 사금을 찾아서

국내 사금 광산의 특성

국내 사금 광산은 대부분 화강암이나 화강편마암 지역에서 발견되었다(부록 1).

수계의 위치에 따른 사금광의 특성을 국내 사금 광산의 예에서 알아보면 아래와 같다.

강 상류지역: 하천의 상류지역에 대한 사금광 형성과정 및 분포를 알아보고 퇴적학적인 해석을 위해 1974년 이정구에 의해 엠파이어 시추기를 이용해 얻어진 자료를 이용했다. 이 자료는 충남 논산군, 부여군, 및 공주군에 걸쳐 있는 석성천 유역에서 조사된 자료로, 본 하천이 발

한 형태는 하류에 비해 굴곡이 낮은 특성을 보인다. 주변은 폐금광이 많이 있었던 쥬라기 화강암으로 구성되어 있어 사금의 공급원이 근거리에 있을 가능성을 나타내 준다. 퇴적물은 주로 퇴적 입자들의 원마도가 원형내지 아원형을 나타내는 사질로 구성되어 있어 상당한 침식 및 운반 과정을 겪었음을 알 수 있다.

사금 입자의 양은 수평적으로는 현재 하천이 발달한 방향으로 가면서 많아지고 하천 바닥의 심도가 깊어지면서 높아지는 경향을 보인다. 두 지류가 하나로 합쳐지는 위치에서 사금 입자들이 많이 퇴적되나 하천에서 먼 부분은 하천이 범람하는 경우에만 세립질 퇴적물이 쌓여 사금이 산출되지 않는다. 일반적인 사금분포 양상은 하천의 깊은 부분에 쌓인 퇴적물 내에 사금의 양이 많으나 B 지점의 경우 이와는 다르게 오히려 기반암이 높은 부분에 사금 입자들이 집중된 양상을 보여 준다(그림 부록 4). 이러한 특징은 B의 북서방향 상류(장다리)에서 운반되어지던 퇴적물들이 B 지역에서 하상의 경사각이 낮아지면서 사금 입자들의 집중이 이루어진 것으로 해석된다. A 지역에서의 사금 입자의 분포는 하천의 곡률이 높아지면서 유수가 이전보다 먼 거리를 이동하게 됨으로서 결과적으로 유속이 감소하고 하천 바닥의 경사각이 낮아지는 효과를 초래해 하천의 곡률이 증가하는 동측으로 가면서 사금 입자의 양이 감소한다.

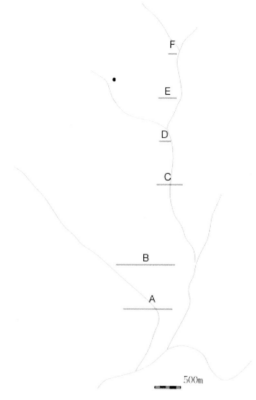

그림 부록 4. 하천 상류지역의 사금광 발달 실례(석성천)
청색 실선은 강의 형태이고 영문 알파벳은 시료를 채취하여 분석한 지점이다.

하류지역: 하류지역의 사행하천 양상을 보여 주는 충남 예산군 삽교면의 삽교천 주변의 지질은 화강편마암 내지 흑운모 화강암 지역으로 이들 내의 금을 함유한 석영맥이 사금광의 공급지 역할을 한 것으로 추정된다. 본 지역은 굴곡률이 높은 사행하천 양상을 보이며 우각호로 발달할 가능성을 보여 준다. F 지점의 경우 하

천의 굽은 부분 안쪽으로 사금 입자들이 집중되는 것은 하천의 유속이 감소하면서 사행천의 반경의 내쪽으로 단면상으로는 약간 융기된 부분을 넘어가지 못해서 퇴적된 결과로 해석된다.

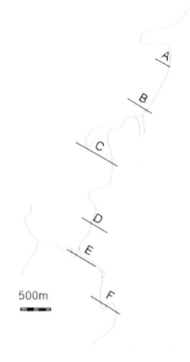

그림 부록 5. 하천 하류지역의 사금광 발달 실례(삽교천)
청색 실선은 강의 형태이고 영문 알파벳은 시료를 채취하여 분석한 지점이다.

특히 상류방향 'S' 자 형태의 첫 번째 사행부분에 대부분의 사금 입자가 퇴적되어 그보다 하류 방향의 'S' 내에서는 산출되지 않음을 알 수 있다. E 지점에서와 같이 두 지류가 서로 정면으로 부딪히는 지역에서의 사금산출량이 많은 경향을 볼 수 있다. D 지점에

베트남의 사금을 찾아서

서는 현재 하천이 흐르는 지역이 아닌 동쪽 지역에서 사금의 산출량이 많은 것은 퇴적층의 횡적심도 변화가 다양한 점으로 보아 과거에 형성되었던 수로 내에서 형성된 사금퇴적지의 영향으로 해석된다. C 지점은 F 지점과 동일한 양상을 나타낸다. 즉 사행하는 하천에서 상류방향으로 거슬러 흐르다가 다시 하류로 흐르는 'S' 형태의 사행부분에는 사금이 없다. B지점의 경우는 현재의 하천면을 따라서 발달한 퇴적층에 사금 입자들이 퇴적된 반면에 퇴적층의 심도로 보아 고하천 부분이었던 서쪽부분에서 사금의 산출이 없는 것은 과거에 이 부분이 사행하던 부분이었음을 알 수 있다. A 지점은 F나 C 지점과 같은 양상을 보인다.

위의 실례에서 살펴본 바와 같이 이 지역 상류와 하류에서 사금광 형성의 큰 차이점은 상류의 경우 하천의 깊이가 깊은 부분에 사금 입자들이 퇴적되는 반면에 하류에서는 하천의 얕은 부분에 퇴적된다는 점이다.

지명과 사금

　온천 개발업자들은 온천을 찾기 위해 전국의 지명 중에서 '온'이 들어간 지역을 탐사한다. 금도 마찬가지일까? '금' 자가 들어간 지명을 알아보자. 전북 김제에 있는 모악산은 금만경 평야의 젖줄이며 원래 이름은 금산이었을 것이라는 설이 있다. 실제로 이 산에는 금산사란 절이 있다. 여기서 금산金山이란? '큰 산'을 한자음으로 표기했다는 설과 금산사 입구 금평호에서 사금이 나오기 때문에 '금金' 자가 들어갔다는 설로 갈린다. '금산'이란 지명이 금金과 전혀 무관하지는 않은 경우다. 같은 지명으로 대전 옆에 위치한 '금산'은 지금은 인삼으로 유명하지만 과거에 사금을 채취했던 기록들이 남아 있다. 경기도 가평에는 청평휴게소 좌측편으로 대금산, 불기산, 깃대봉, 청우산이 나란히 능선으로 연결되어 있다. 그 중 대금산은 이 산의 서남쪽 아래 대금 광산에서 금광이 유명했기 때문에 대금산이라 했다는 설이 있다. 이렇듯이 드물게 관련성이 있기도 하지만 사금이나 금광을 찾기 위해 지명을 이용하는 것은 비과학적인 방법이므로 사금 탐사에 더 많은 시간과 비용을 투자하게 된다. 베트남의 달랏에서 찾아갔던 Golden Valley처럼.

국내 사금광산 목록

위치	광산명	년간생산량(g)	주변 지질	매장량(t)
강원도 김화군 창도군 성현리	금등광산	591.6	화강암,현무암,충적층	
강원도 정선군 북면 장열리 여량리	장열광산	562.4	석회암,충적층	9,232
강원도 춘천군 사북면 신포리	춘흥광산	176		
강원도 춘천군 신남면 덕두원리	신영광산	263	화강암,편마암,충적층	
강원도 화천군 화천면 수하리	태산광산	113		
강원도횡성군횡성면소군리	옥성광산	38.2	화강암,충적층	
경기도 강화군 불은면 냉정리	불은광산	44,138	화강편마암,충적층	430,307
경기도 강화군 선원면 금월리	일평광산			
경기도 광주군 구천면	구적광산	110,800	점토,사력	1,440
경기도 광주군 서부면	광주백년광산	137,649	화강암,편마암	450
경기도 부천군 영종면	영종도광산	3,895	화강암,편마암,석회암,운모편암	283,629
경기도부천군영종면	운서광산	11,130	운모편암,변질석회암,충적층	193,440
경기도 안성군 안성읍 대덕면	안성광산	2,958	화강암,화강편마암,충적층	2,052
경기도안성군양성면석화리	석화광산		충적층	
경기도 용인군 원시면	용인광산	62,366	흑운모미장석,화강암,충적층	6,365,280
경기도 이천군 률면, 충북 음성군 입극면 관성리	관성광산	310	화강암,충적층	210,000
경기도이천군마장면장암리회억리	도아광산	948	화강암,편마암,충적층	800,000
경기도 평택군 팽성면	성관사금광산	13,947		15
경기도 포천군 신북면 심곡리	보신광산	11	화강암,충적층	320,000

베트남의 사금을 찾아서

위치	광산명	년간생산량(g)	주변 지질	매장량(t)
경남 협천군 봉산면 술곡리	봉민광산	3,693	화강암,편마암,충적층	25,000
경북안동군도산면원천동,단천동	안동사금광산	252	충적층	8,638,393
경북 영천군 금호면 원제동	제3금농광산	23.7	화강편마암,석회암,충적층	20,400
경북 영천군 풍기면 산법동	기열광산	797	화강편마암,충적층	171,900
전남 강진군 경면	강진금능광산	21,749	화강편마암,흑운모화강암	317,300
전남 광산군 비아면 비아리	장광광산	59,000	화강암	35,000
전남 광산군 비아면 운남리	운남광산	4,177	충적층	546
전남 광상군 비아면 수완리	광일광산	411	화강암,섬장석,충적층	
전남 광상군 하남면 장덕리	길웅광산	23		143,750
전남 광양군 광양면 익신리	익신광산	84,005	화강편마암,충적층	1,091,212
전남 구례군 구례면 봉남리	신흥구례광산	976	편마암,충적층	
전남 나주군 공산면	남성광산	5,080	충적층	9,405
전남 나주군 노안면 구정리	나주광산	10,283	편마암,충적층	
전남 나주군 문평면 옥당리	옥당광산	2,528	편마암,현무암,충적층	
전남 무안군 압해면 분매리	구만광산	4,000	충적층	
전남 무안군 해제면	대종광산		화강암,편마암	
전남 무안군 해제면 신정리	만량광산	675	화강암,편마암,충적층	
전남 영광군 백수면 천마리	백수광산		충적층	
	남산광산	1,428		
전남 영광군 영광면 중평리, 전북 고창군 대산면 해용리		7,278		
전남 영암군 신북면 모산리	화진광산	1,197	화강편암,충적층	
전남 영암군 신북면 월평리	성덕광산	11,751	충적층	234
전남 장성군 남면 월정리	송강광산	2,212	화강편마암,충적층	
전남 장성군 진원면 학림리	장광광산	6,450	화강암,충적층	
전남함평군대동면신광면계천리	금하광산	140	화강암,충적층	
전남 해남군 산이면	산이광산	1,307	충적층	
전남 해남군 산이면 진산리	진산광산	10,118		97,743
전남 화순군 동면 대암리	조산광산	661	충적층	
전북 고창군 대산면	고창광산	8,198	충적층	
전북 고창군 대산면 해용리	해용광산	7,898	충적층	
전북 김제군 금산면 성계리	광남광산	39,482	화강편마암,사암,충적층	
전북 김제군 용지리	금평광산	46,049	사력토	

위치	광산명	년간생산량(g)	주변 지질	매장량(t)
전북 김제군 용지면 용암리	용암광산	5,405		
전북 김제군 용지면 용암리	용지광산	6,766	화강암,충적층	
전북 김제군 종남면외 5개면	김제광산	863,520		
전북 남원군 기매면 서도리	서도광산			
전북 남원군 남원읍 금성리		5,900	충적층	
전북 남원군 남원읍 화정리	화산광산	5,249	충적층	
전북 순창군 풍산면 외이리	풍산광산		충적층	
전북 완주군 우전면	김제광산		화강편마암	
전북 완주군 이서면 상개리	옥창광산	729	화강암,편암,충적층	
전북 완주군 이서면 성개리	상개광산	767	현무암,유문암,충적층	
전북 완주군 이서면 이성리	금천광산	7,976	화강암,편마암,충적층	
전북 임실군 둔남면 대정리	남원광산	1,882		
전북 임실군 운암면 삼길리	삼길광산	1,371	편마암,충적층	
전북진안군마령면연장리,덕천리	신덕광산	781		
충남 공주군 의당면 용현리	신흥광산	83	화강암,퇴적암	
충남 논산군 노성면 죽림리	호장광산	15,788	충적층	
충남 당진군 순성면 갈산리	금본광산	20248		
충남 보령군 청소면 진죽리	청보광산	37	화강편마암,충적층	
충남 보령군 청죽면 신송리	평촌광산	35,610		
충남부여군초촌면산직리,송정리	논산광산	91,782	화강편마암,충적층	
충남 연기군 동면 천암리	대산광산	118		
충남 연기군 전동면 노장리	운주광산	169		
충남 연기군 전동면 미곡리	미곡광산	9,965		
충남 연기군 전동면 미곡리	미창광산	119		185
충남 연기군 전의면 고등리	연기광산	13,451		413
충남 연기군 전의면 신흥리	부전광산	1,978		873
충남 예산군 응봉면 계정리	대도광산	6,307	충적층	
충남 천안군 목천면 교천리	천일광산	150	화강암,편마암,충적층	
충남 천안군 성관면	매곡광산	10,718	화강암,충적층	
충남 천안군 성관면		2,037	충적층	
충남 천안군 성관면 매주리, 성월리	무삼광산			
충남 천안군 성광면 성관리	성안광산	159,667	흑운모화강암, 편마암, 충적층	

베트남의 사금을 찾아서

위치	광산명	년간생산량(g)	주변 지질	매장량(t)
충남 천안군 성남면 대흥리	천흥광산	118		21,630
충남 천안군 입장면	익창광산	1,605		
충남 천안군 입장면 가산리, 용정리	창신광산	10,003	충적층	
충남천안군입장면효계리		45,909		
충남 천안군 직산면		12,603		
충남 천안군 직산면 부송리	대성광산	2,309	편마암,충적층	
충남 천안군 직산면 상덕리	명화광산	9,573		87,700
충남 천안군 직산면 성관리	성관광산	4,496	흑운모화강암,충적층	
충남 천안군 천안면 내리	천부광산	151	편마암,충적층	
충남천안군천안읍성정리,신부리	영창광산	914	화강편마암,충적층	
충남 천안군 천안읍 신부리	신부광산	1,095		1,437
충남천안군풍세면보성리,용정리	송성광산	2,301	화강편마암,충적층	
충남 천원군 성환면	대선광산			
충남 천원군 수신면	성남광산	2,025		
충남 천원군 직산면, 입장면	직산광산	1,342		
충남 청양군 비봉면 화성면		9,627	화강암,충적층	
충남 청양군 사양면 금정리	금정광산		화강암,편마암,충적층	
	작천광산	4,000	화강편마암,충적층	
충남 청양군 청양면 송방리	충청광산	12,385	화강암,편마암	
충남 홍성군 광천면	광천광산	475	사점토	
충남 홍성군 장곡면 상송리	광천광산	16,842	화강암,편마암,충적층	
충남 홍성군 장곡면 상송리	신동광산	16,842	화강암,편마암,충적층	
충남 홍성군 홍동면	금기광산	1,932	화강암,편마암,충적층	
충남 홍성군 홍동면				
충남 홍성군 홍북면		152,509	사력,점토,이토	
충남 홍성군 홍북면	조선광산	46,340	사점토	12,483
충남 홍성읍 홍성읍 고암리	청성광산	208		
	대원광산		충적층	15,729
충북청주군강회면서평리		15,754	화강암,편마암	
충북충주군신이면용원리	내룡광산	219.3	화강암,편마암,충적층	
충북 충주군 주덕면 이유면	충주광산	132,824	화강암,퇴적암류